我只想和爱的人
一起吃早餐

（日）星野奈奈子——著　　李明月——译

簡単ワンプレートがいっぱい！
朝ごはんの本

化学工业出版社
·北京·

本书介绍了适合工作日的快捷早餐、适合周末享用的休闲早餐以及各类营养丰富的花式早餐。

在“工作日的快捷早餐”一章中，介绍了如何用平时生活中最常见的食材制作出品种丰富、营养均衡的单碟早餐，并且所用时间非常短，十分适合工作忙碌的上班族。

在“周末的休闲早餐”中，介绍了一些套餐和其他休闲小食的做法，十分适合在周末慢慢享用。

“花式早餐”中的菜谱肯定会令您眼前一亮，不仅大人孩子都爱，制作方法也非常简便。

元气满满的一天，从和爱的人一起吃早餐开始。

图书在版编目（CIP）数据

我只想和爱的人一起吃早餐/（日）星野奈奈子著；李明月译. -- 北京：化学工业出版社，2016.11

ISBN 978-7-122-28285-9

Ⅰ. ①我… Ⅱ. ①星… ②李… Ⅲ. ①食谱 Ⅳ. ① TS972.12

中国版本图书馆 CIP 数据核字（2016）第 248709 号

责任编辑：王丹娜　李　娜

责任校对：宋　夏

文字编辑：宋　娟

内文排版：北京八度出版服务机构

封面设计：周周設計局

出版发行：化学工业出版社（北京市东城区青年湖南街 13 号　邮政编码 100011）

印　　装：北京东方宝隆印刷有限公司

889mm×1194mm　1/16　印张 5　字数 100 千字　2017 年 4 月北京第 1 版第 1 次印刷

购书咨询：010-64518888（传真：010-64519686）　售后服务：010-64518899

网　　址：http://www.cip.com.cn

凡购买本书，如有缺损质量问题，本社销售中心负责调换。

定　　价：49.80 元

前言

一日之计在于晨，早餐是一天的能量之源。因为没有时间，很多人早上都随便对付。吃上一顿简单又可口的早餐，一天的心情都会很好。本书介绍简单的快捷早餐，如吐司、饭团、煎蛋卷、西式煎饼、汤、沙拉等各种各样的早餐系列，还介绍只有酒店早餐才提供的套餐。为了让大家能在匆忙的早上吃到美味料理，本书尽量介绍最简单的烹饪方法，尽量做出能够平衡摄取蔬菜和水果的早餐。做起来简单，看起来也很好。书中还介绍了许多实用小技巧比如，切片面包用烤网盘或者平底锅烤就会变得更香更美味，用加了几滴香油的米饭做出的饭团口味更好。普通的料理加上一点点技巧就会提高一个档次。希望本书中的食谱会给大家带来美好的早餐时光。

星野奈奈子

CONTENTS

Part 1

工作日的快捷早餐

Part 2

周末的休闲早餐

Part 3

花式早餐

※材料表里分量是，1杯=200毫升，1大勺=15毫升，1小勺=5毫升。
※烤箱和微波炉的加热时间只是大致的标准。每个厂家和机种不一样，应该根据情况自己调整时间。
※保存时间只是大致的标准时间，请尽量早点吃完。

COLUMN

Part 1

工作日的快捷早餐

每天的早餐，我推荐单碟料理。
先定下主菜——面包或米饭、鸡蛋或蔬菜等，
再加上一两道很快就能做好的副菜，
简单、美味、让人身心都能得到满足的早餐就做好了。

CREAMLINE
DAIRIES
& Return Daily
Edmond Fallot
INGREDIENTS:
PRODUCT OF ARMENIA
NET WT 1 OZ (28.4g)

吐司＋西式炒鸡蛋、芝麻菜樱桃萝卜沙拉

烤得香脆的面包加上松软的西式炒蛋，蔬菜使用最简单的调味方法。
这是最普通的单碟早餐，您还可以加上一杯牛奶。

材料 2人份

[吐司]

切片面包（4片切，约3厘米厚） 2片
黄油 20克
任意口味的果酱 适量

[西式炒鸡蛋]

鸡蛋 4个
Ⓐ 鲜奶油 2大勺
Ⓐ 盐 2小撮
黄油 10克
罗勒叶 适量

[芝麻菜樱桃萝卜沙拉]

芝麻菜 1袋
樱桃萝卜 2个
橄榄油 1大勺
盐、胡椒粉 各少许

做法

[吐司]

用烤箱或烤网等，按自己的喜好烤好切片面包（参照第3页），涂上黄油或果酱。

[西式炒鸡蛋]

1

把鸡蛋打在碗里，打散成鸡蛋液，加入Ⓐ，搅拌均匀。

2

平底锅放入黄油，用中火融化，加入步骤1打散的鸡蛋液。

3

用筷子大幅度搅拌，同时加热。

4

鸡蛋呈半熟状后关火，盛盘，附上罗勒叶。

[芝麻菜樱桃萝卜沙拉]

芝麻菜洗净后控水，把带叶樱桃萝卜的头切成两半。
把准备好的蔬菜盛在盘子里，加入橄榄油、盐和胡椒粉。

TOAST

美味吐司的烤法

吐司看起来很简单，使味道美味的制作方法其实大有学问。
除了用烤面包机，尝试用其他工具烤制，会尝到不一样的美味吐司。

使用烤网

烤出的面包外面香脆，里面松软，还会有网状的烤色。

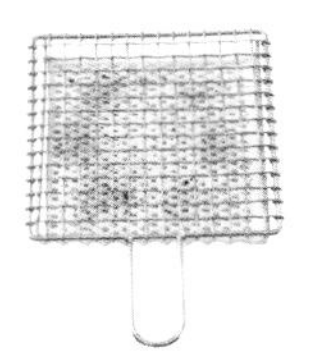

这里使用了陶瓷手柄烤网，它是只够用烤一片面包的小号。陶瓷烤网有远红外线的效果，可以把面包烤得特别松软。

烤法

1

把烤网放在煤气灶上，用小火加热。

2

放上一片面包，注意火候，烤至面包两面都有焦色（1面烤1~2分钟）。

★涂上自己喜欢的黄油或果酱。

使用平底锅（黄油吐司）

用平底锅烤出的面包黄油味浓，特别松软。外皮脆脆的，也很美味。

要使用涂层平底锅。直径约20厘米的锅，适合烤一片面包。

烤法

1

在加热的平底锅，放入10克黄油。

2

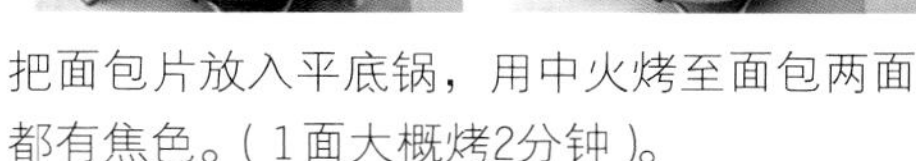

把面包片放入平底锅，用中火烤至面包两面都有焦色。（1面大概烤2分钟）。

★也可以不用黄油，直接在加热的平底锅放入面包片，烤至两面都有焦色。

切片面包的厚度

根据用途决定切片的厚度。一般的吐司用4片切。6片切适用于任何情况。三明治用8片切比较方便。

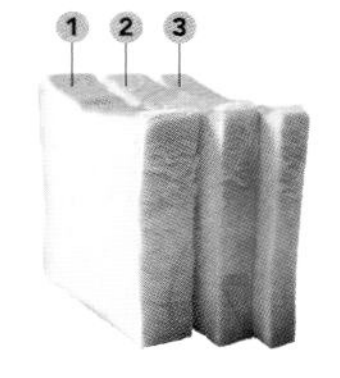

① 4片切（约3厘米厚）
② 6片切（约2厘米厚）
③ 8片切（约1.5厘米厚）

用于吐司的黄油和果酱

黄油

Sel de Mer（上）里含有粗盐，可以切厚一点儿放在吐司上面。ECHIRE（下）是法国传统发酵黄油，吐司应选用含盐的。

果酱（草莓、蓝莓等）

MERCATO PICCOLO的果酱，其所有果实都使用了日本产，能享用到天然的甜味。草莓酱比较稀，是可以用于西式烤饼等的浇汁。

专栏 2

NOKKE TOAST

加菜吐司早餐

吐司玛格丽特

把做比萨的典型材料，用在做吐司上。

材料 2人份

切片面包（6片切）2片，圣女果6个，莫扎里拉奶酪50克，盐1勺1/4，橄榄油1大勺，罗勒叶碎适量

做法

1. 圣女果横切成3等份，莫扎里拉奶酪撕成小块。
2. 切片面包上面放上步骤1切好的圣女果块和莫扎里拉奶酪块，撒上盐，再加上橄榄油。
3. 用烤箱烤4~5分钟后拿出，撒上罗勒叶碎。

小银鱼香葱吐司

小银鱼的美味和香葱的浓香很配。

材料 2人份

切片面包（6片切）2片　Ⓐ（小银鱼25克　横切的香葱丝4根份　沙拉酱2大勺）

做法

1. 把Ⓐ放入碗，搅拌。
2. 把步骤1制作的调料倒在切片面包上，用烤箱烤2~3分钟。

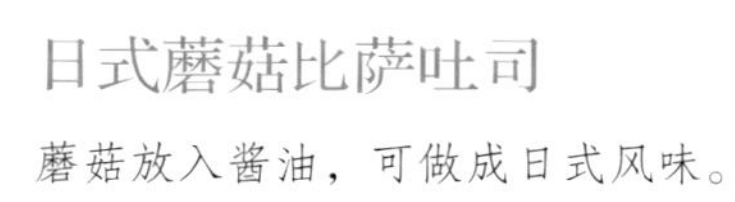

日式蘑菇比萨吐司

蘑菇放入酱油，可做成日式风味。

材料 2人份

切片面包（6片切）2片　蟹味菇、杏鲍菇各1/2袋（50克）　黄油10克　酱油2小勺　比萨奶酪40克

做法

1. 蟹味菇切掉根，杏鲍菇切成小块。
2. 平底锅放入黄油，用中火加热至化开，再倒入蟹味菇和杏鲍菇块，翻炒。蟹味菇变软后倒入酱油，轻轻搅拌。
3. 把步骤2制成的调料放在切片面包上，撒上比萨奶酪，用烤箱烤至比萨奶酪融化。

虽然只涂黄油或果酱的吐司很好吃，
但是把各种各样的蔬菜放在切片面包上，一片面包就会变成很好的早餐。

牛油果鸡蛋吐司

牛油果放上鸡蛋，会显得很丰盛。

材料 2人份

切片面包（6片切）2片　牛油果1个（200克）　鸡蛋2个　Ⓐ（粒状芥末2小勺　柠檬汁1/2小勺）Ⓑ（蛋黄酱1大勺　盐1小撮）　粗粒黑胡椒粉少许

做法

1 牛油果去核（参照第71页）、去皮后切成1厘米见方的小块。把牛油果块放到小碗，再加Ⓐ，轻轻压碎混合。

2 鸡蛋煮得硬一些再去壳（参照第29页），切成粗粒状。鸡蛋粒倒入碗里，把Ⓑ加进去，混合。

3 把步骤1制好的牛油果泥涂在切片面包上面，再放上步骤2制好的鸡蛋粒撒上粗粒黑胡椒粉，用烤箱烤2~3分钟。

香蕉花生酱吐司

花生酱的浓香味跟烤香蕉很配。

材料 2人份

切片面包（6片切）2片　香蕉1根　花生酱（加糖）2大勺

做法

1 香蕉去皮后横切成6~7毫米厚的片。

2 在切片面包上涂匀花生酱，再把香蕉片放在切片面包上，用烤箱烤4~5分钟。

杏仁吐司

借助杏仁粉的力量，把美食升提到更高档次。

材料 2人份

切片面包（6片切）2片　杏仁粉30克　无盐黄油30克　白砂糖30克

做法

1 无盐黄油取出变软后，跟杏仁粉和白砂糖一起放在小碗里，搅拌均匀。

2 把步骤1制好的酱涂在切片面包上，用烤箱烤3~4分钟，至有焦色。

热三明治＋豌豆角拌芥末、季节水果

用平底锅做的热三明治，可以用自己喜欢的食材做馅儿。
口感很好的豌豆角，是特别适合的小菜。

材料 2人份

［热三明治］

切片面包（8片切） 4片
番茄 1/2个
生火腿 40克
比萨奶酪 50克
芥末 2小勺

［豌豆角拌芥末］

豌豆角 10根
芥末 1/2大勺

［季节水果］

草莓 6粒
蓝莓 2大勺

做法

［热三明治］

1 番茄横切成7~8毫米厚的片。

2 切片面包涂上芥末，生火腿、番茄片、比萨奶酪按顺序放切片面包上，最上面再放一片切片面包。

3 平底锅（或者烤盘锅）加热后，把步骤2制好的三明治放进去，用铲子等压住，中火烤至两面都有焦色。

［豌豆角拌芥末］

豌豆角抽去筋，用已放适量盐（分量外）的沸水煮1分钟左右。
倒入凉水后，沥水，加入芥末，拌匀。

［季节水果］

水果洗完放盘子里（草莓可以按照喜好切块）。

POINT

因为奶酪有粘连两片面包的作用，所以奶酪要涂满整片面包。

为了整片面包全部出现焦色，烤时要按住面包的四角。
推荐用硬一点的铲子，或使用小锅盖也可以。

牛角面包三明治 + 烤香肠、胡萝卜橙子沙拉

把牛角面包做成三明治，简单又时尚。沙拉中放入橙子，会有清爽的口感。

材料 2人份

[牛角面包]

牛角面包　2个
红彩椒　1/8个
生菜　1片
酱牛肉片　40克
蛋黄酱、芥末　各2小勺

[烤香肠]

小熏香肠　4根

[胡萝卜橙子沙拉]

胡萝卜　1/2根（100克）
盐　1/4小勺
橙子　1个
Ⓐ 葡萄干　2大勺
Ⓐ 米醋　1/2大勺
Ⓐ 橄榄油　1/2大勺
Ⓐ 胡椒粉　少许

做法

[牛角面包]

1 红彩椒去籽，切成丝。

2 牛角面包切半，用烤箱烤1~2分钟。

3 在步骤2切好的一片面包上，按顺序抹上蛋黄酱和芥末，再按顺序放上生菜、酱牛肉片、红彩椒丝，最后用另一片面包夹住中间的食材。

[烤香肠]

小熏香肠用刀划出3~4个刀印，用平底锅烤至有焦色。

[胡萝卜橙子沙拉]

1 胡萝卜削皮后切丝，撒盐后放置5分钟左右，轻轻沥水。橙子剥皮取出果肉。

2 把胡萝卜丝和橙子果肉放到盆里，加入Ⓐ，搅拌。

POINT

酱牛肉片的浓香味以及蛋黄酱和芥末的双重涂抹，使三明治别有一番风味。

Maple
BREAKFAST

法式吐司＋烤番茄、煮西蓝花

如果使用法国硬包制作法式吐司，蛋液很容易渗进面包，所以制作不会花太长时间。
还可以再加上烤得很软的番茄和很有口感的西蓝花。

材料 2人份

[法式吐司]

法国硬包 1/2根
Ⓐ 鸡蛋 1个
Ⓐ 白砂糖 1大勺
Ⓐ 牛奶 100毫升
黄油 10克
鲜奶油 50毫升
白砂糖 1小勺
枫糖浆 适量

[烤番茄]

番茄 1个
盐 1/4小勺
粗粒黑胡椒粉 少许
橄榄油 1/2大勺

[煮西蓝花]

西蓝花 1/2个
蛋黄酱 2小勺

做法

[法式吐司]

1

法国硬包切成2厘米厚的片。鲜奶油和白砂糖放碗里，用打泡器打泡。

2

把Ⓐ倒入平底盘，搅拌均匀。

3

把切好的法国硬包片分批放到步骤2制好的蛋液里，每批浸泡5分钟（蛋液完全被吸进去就可以了）。

4

黄油放平底锅里，用中火化开，把步骤3制好的法国硬包片烤至两面都有焦色。放到盘里，再加上枫糖浆和步骤1制好的打泡奶油。

[烤番茄]

在倒入橄榄油加热的平底锅里，放入横切成4等份的番茄片，烤至两面都很软，再撒上盐和粗粒黑胡椒粉。

[煮西蓝花]

西蓝花掰成小块后放到耐热盘里，盖上保鲜膜，用600瓦的微波炉加热2分钟。盛盘后再加入蛋黄酱。

专栏 3

FRENCH TOAST

适合早餐的法式吐司

橙子味法式吐司

鸡蛋液里放入橙汁，再加上橙子果肉，
制成清香扑鼻的清爽法式吐司。

材料 2人份

- 切片面包（6片切） 2片
- Ⓐ 鸡蛋 1个
- Ⓐ 白砂糖 1大勺
- Ⓐ 橙汁 100毫升
- 黄油 10克
- 枫糖浆 适量
- 橙子 1/2个

做法

1. 把A倒入平盘混合，再把切片面包放进去，两面各浸泡5分钟。
2. 平底锅放入黄油，中火加热，把步骤1制好的切片面包烤至有焦色。
3. 把烤好的切片面包盛到盘里，浇上枫糖浆，橙子剥皮横切成片，放在面包上面。

莓类法式吐司

吐司去掉面包边，
会变得很松软。

材料 2人份

- 切片面包（6片切） 2片
- Ⓐ 鸡蛋 1个
- Ⓐ 白砂糖 1大勺
- Ⓐ 牛奶 100毫升
- 黄油 10克
- 草莓 8个
- 蓝莓 50克
- 白砂糖 3大勺

做法

1. 草莓去头切成块，和蓝莓、3大勺白砂糖一起放进锅，用中火煮。稍微变黏稠，就关火放凉。
2. 切片面包切掉四边。把Ⓐ倒入平盘，搅拌。再把切片面包放进平盘，两面各浸泡5分钟。
3. 平底锅放入黄油，用中火加热至融化，把步骤2制好的切片面包烤至两面都有焦色。盛到盘里，浇上步骤1制成的莓酱。如果有薄荷叶，可放上装饰一下。

黏稠到锅底能划出一道线的程度，边搅拌边加热。

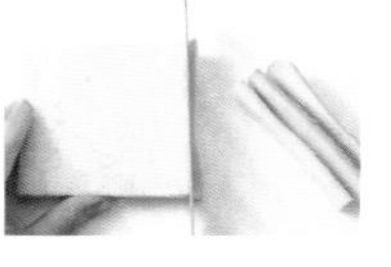

切掉面包片的边，鸡蛋液容易被吸收，面包会变得很松软。

可以加进水果或者夹进不同的馅儿，以替换鸡蛋的味道。
以下是适用于早餐的法式吐司的各种花样。

红茶法式吐司

鸡蛋液里加红茶，与葡萄干面包很配。

材料 2人份

- 葡萄干面包（见下图） 4片
- 牛奶 120毫升
- 红茶的茶叶 2小勺
- Ⓐ 鸡蛋 1个
- Ⓐ 白砂糖 1大勺
- 黄油 10克
- 蜂蜜 2大勺

做法

1. 锅里倒入红茶的茶叶和牛奶，用中火加热，牛奶烧开就关火放凉。
2. 把Ⓐ放进平盘，再把已放凉的红茶牛奶经过漏网勺倒进去，搅拌均匀。把葡萄干面包放入其中，两面各浸泡5分钟。
3. 平底锅里放黄油，用中火融化，把步骤2制好的葡萄干面包烤至两面都有焦色。盛盘，浇上蜂蜜。

这里使用了比较小的山型葡萄干面包。

注意不要过度煮沸牛奶，过度煮沸会使牛奶凝固。

火腿奶酪法式吐司

鸡蛋液里撒点奶酪粉和盐，做成主食类的法式吐司。

材料 2人份

- 切片面包（8片切） 4片
- 切片火腿 4片
- 切片奶酪 2片
- Ⓐ 鸡蛋 1个
- Ⓐ 奶酪粉 1大勺
- Ⓐ 牛奶 100毫升
- Ⓐ 盐 1小撮
- 黄油 10克

做法

1. 切片面包上按顺序放切片火腿、切片奶酪，最上面再放一片面包。
2. 平盘放入Ⓐ，搅拌，把步骤1制成的夹心切片面包的两面各浸泡5分钟。
3. 平底锅放入黄油，用中火融化，把步骤2制好浸液夹心切片面包烤至两面都有焦色。

把2片切片面包上下重叠些放置，再放奶酪。

花椒小银鱼饭团＋大头菜白菜咸菜、日式煎彩椒

只是把花椒小鱼混在饭里，就会让早餐变得很奢侈。
可以再加上清爽可口的咸菜和非常下饭的日式煎蔬菜。

材料 2人份

[花椒小银鱼饭团]

热米饭　400克
花椒小银鱼（现成品）　4大勺
紫苏　4片

[大头菜白菜咸菜]

大头菜　1个
白菜叶　1片
盐　1/2小勺
柚子皮　少许

[日式煎彩椒]

红彩椒　1/2个
黄彩椒　1/2个
Ⓐ 酱油　1/2大勺
Ⓐ 味淋　1/2大勺
熟白芝麻　1小勺
芝麻油　1/2大勺

做法

[花椒小银鱼饭团]

1
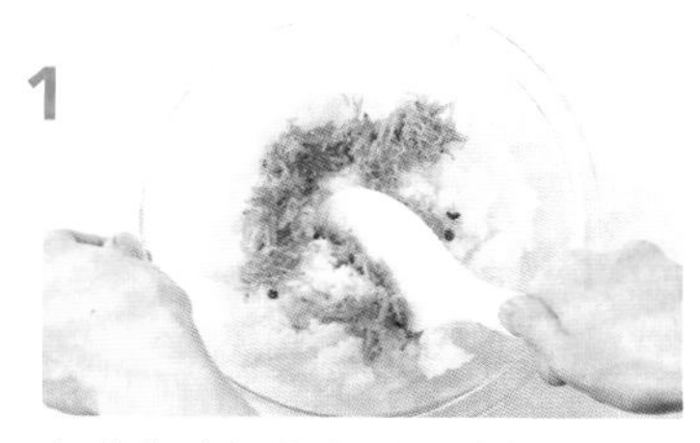
把花椒小银鱼加到热米饭里，混合均匀。

2

把步骤1制成的米饭分成4份，用保鲜膜包上。

3

在保鲜膜外把米饭捏成三角形。把去掉保鲜膜，放在铺成片紫苏的盘里。

[大头菜白菜咸菜]

1

大头菜削皮后切成5毫米厚的扇形块，白菜叶切成片。大头菜块、白菜叶片块放盆里，撒上盐放置5分钟左右。

2
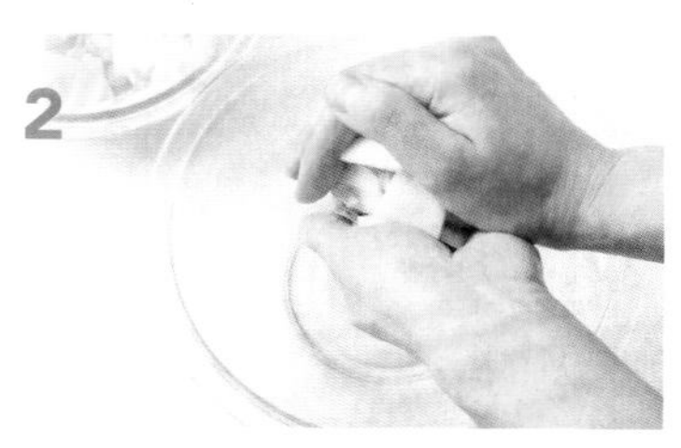
出水分后用双手压挤，再把切丝的柚子皮加入，混合。

[日式煎彩椒]

红彩椒、黄彩椒去籽切成细丝。平底锅放入芝麻油用中火炒，彩椒丝变软加入Ⓐ，轻轻搅拌，再撒上熟白芝麻。

芝麻油饭团
+凉拌萝卜辣白菜、海带大葱汤

芝麻油的香味和海苔的咸味，是让人上瘾的美味。
用辣白菜做拌菜，使其变成韩国风味。
可以再配上简单的汤。

材料 2人份

[芝麻油饭团]

热米饭　400克
芝麻油　2小勺
盐　适量
海苔　4片
熟黑芝麻　适量

[凉拌萝卜辣白菜]

萝卜　4毫米（100克）
辣白菜　50克

[海带大葱汤]

海带（干）　2小勺
葱　1/2
Ⓐ 水　400毫升
Ⓐ 鸡精（颗粒）　2小勺
Ⓐ 盐　1/4小勺
Ⓑ 香油　1/2小勺
Ⓑ 熟白芝麻　1小勺

做法

[芝麻油饭团]

1. 热米饭里放入芝麻油，混合。
2. 在弄湿的手里放点盐，用手把分成4等份的米饭捏成三角形。
3. 用海苔把三角形饭团包起来，撒上熟黑芝麻。

[凉拌萝卜辣白菜]

萝卜削皮切丝，加入辣白菜（如果块太大可切成小块），一起搅拌。

[海带大葱汤]

1. 葱斜切成细丝，跟海带和Ⓐ一起放锅里，用中火加热。
2. 煮沸立即关火，加入Ⓑ，再倒碗里。

POINT

热米饭混入芝麻油，会有很浓的风味。

为了避免饭粒粘在手上，先把手弄湿点，再放盐。

核桃味噌＋茗荷黄瓜小银鱼沙拉、半熟鸡蛋

烤饭团香喷喷的。
香甜的核桃味噌跟米饭很配。
饭团的咸味比较重，
所以沙拉里放点醋，增添清爽的口感。

材料 2人份

[核桃味噌]

- 热米饭 400克
- 核桃仁 20克
- Ⓐ 味噌 50克
- Ⓐ 白砂糖 3大勺
- Ⓐ 酒 1大勺

★核桃味噌的量为做着方便的分量。可以放在冰箱里保存1星期。

[茗荷黄瓜小银鱼沙拉]

- 茗荷 1根
- 黄瓜 1根
- 盐 1/4小勺
- Ⓐ 米醋 1小勺
- Ⓐ 小银鱼 3大勺

[半熟鸡蛋]

- 鸡蛋 1个
- 盐、粗粒黑胡椒粉 各少许

做法

[核桃味噌]

1 核桃仁放入保鲜袋等中，用擀面杖等敲碎，再放碗里与Ⓐ混合。

2 热米饭分成四份，用保鲜膜包裹，捏成扁平的圆形。去掉保鲜膜，把步骤1制成的核桃味噌涂在饭团上，用烤箱烤2~3分钟。

[茗荷黄瓜小银鱼沙拉]

1 茗荷切成丝，黄瓜横切成2毫米厚的圆片。

2 把茗荷丝和黄瓜片放入盆，撒盐放置5分钟左右，出水后挤出水分，加入Ⓐ，轻轻搅拌。

[半熟鸡蛋]

参照第29页的要领，鸡蛋煮成半熟状态剥皮。切两半后盛盘，撒上盐和粗粒黑胡椒粉。

POINT

核桃仁敲成较细的颗粒。

用勺子等把核桃味噌均匀涂在饭团表面。

鲑鱼芝麻茶泡饭＋灯笼椒拌干木鱼丝

浇上很浓的芝麻油味汤，就会有奢侈的感觉。
“呼噜噜”一下就能吃光，可以在没有食欲的早晨食用。

材料 2人份

[鲑鱼芝麻茶泡饭]

热米饭 320克
腌制鲑鱼 1片

Ⓐ
芝麻酱（白） 2大勺
鸡精（颗粒） 2小勺
盐 1/4小勺
水 400毫升

佐料
紫苏丝 2叶份
熟白芝麻 1小勺
香葱丝 适量
海苔丝 适量

[灯笼椒拌干木鱼丝]

灯笼椒 10根

Ⓐ
酱油 1小勺
白砂糖 1/2小勺

干木鱼丝 2小撮

做法

[鲑鱼芝麻茶泡饭]

1

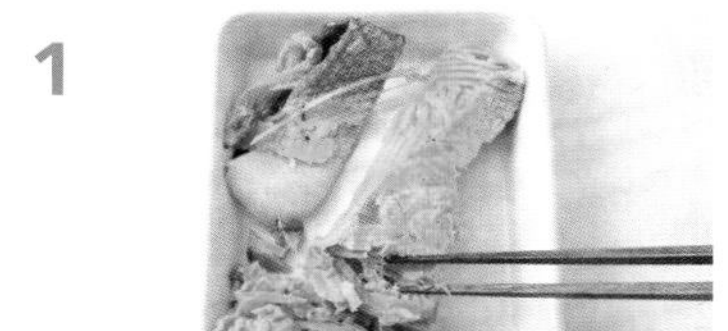

用烤鱼盘等烤具把已腌制鲑鱼两面都烤熟，去皮和刺后捣碎。

2

锅里放入Ⓐ，用中火加热，煮沸立即关火。

3

碗里盛入热米饭，放入步骤1制好的鲑鱼肉和佐料，倒入步骤2煮好的汤，再加上海苔丝。

[灯笼椒拌干木鱼丝]

1

灯笼椒竖切一个小口，用沸水煮1分钟。

2

灯笼椒倒入漏网沥干水，再放到盘里，倒入Ⓐ，趁热放入干木鱼丝，搅拌。

烤咖喱 + 花椰菜拌明太鱼子酱

晚上做的咖喱剩下了，第二天早上可以做成以下早餐。
奶酪融化在上面，可以让咖喱的辣味变得淡一些。
明太子就是用辣椒和香料腌制的明太鱼子。

材料 2人份

[烤咖喱]

热米饭　320克
咖喱　2大勺
比萨奶酪　50克
香芹末　适量

[花椰菜拌明太子酱]

花椰菜　1/4棵
明太鱼子　1大勺
蛋黄酱　1大勺

做法

[烤咖喱]

1. 在耐热盘里盛上热米饭，浇上咖喱后再铺上比萨奶酪。
2. 用烤箱烤5分钟左右，至奶酪融化，撒上香芹末。

[花椰菜拌明太鱼子酱]

1. 明太子去薄皮，跟蛋黄酱混合。
2. 花椰菜掰成小块，用沸水煮3分钟左右。放入凉水再沥干水，盛盘后浇上步骤1制成的明太子酱。

POINT

可根据个人喜好选择制作咖喱的材料。请使用剩下的咖喱。

把咖喱均匀放在米饭上，奶酪也要均匀铺在上面。

专栏 4

MINI SALAD

与早餐相配的迷你沙拉

下面介绍想添点蔬菜或水果时马上就能做出的沙拉。
使用颜色鲜艳的材料，会使料理看起来很华丽。

紫色卷心菜玉米粒沙拉

柠檬风味卷心菜沙拉十分清爽。使用紫色卷心菜，颜色会更好看。

材料 2人份

紫色卷心菜 1/8 个　玉米粒（罐头）50 克　胡萝卜 1/4 根　盐 1/4 小勺　Ⓐ（柠檬汁 1 小勺　蜂蜜 1 小勺　胡椒粉少许）

做法

1 紫色卷心菜和胡萝卜切丝，撒盐放置5分钟左右，再挤出水。

2 把紫色卷心菜丝和胡萝卜丝放盆里，加入玉米粒和Ⓐ，混合搅拌好。

生火腿大头菜沙拉

有生火腿的鲜浓味道，不加其他调料也可以。

材料 2人份

生火腿 20 克　大头菜 2 个
盐 1/4 小勺　粉红胡椒少许

做法

1 大头菜去皮，切成3毫米厚的扇形块。撒盐后放置5分钟左右，出水后挤出水分。

2 把大头菜块放盆里，再放入手撕的生火腿片，轻轻搅拌后撒上粉红胡椒。

葡萄柚薄荷叶沙拉

可以当甜品来吃，其维生素含量非常丰富。

材料 2人份

葡萄柚（白色或粉色）1 个
Ⓐ（白砂糖 2 小勺　柠檬汁 1 小勺　薄荷叶适量）

做法

1 葡萄柚剥掉外皮，再剥掉里面薄皮，取出果肉。

2 把葡萄柚果肉放盆里，加入Ⓐ，搅拌。盛碗，放上薄荷叶。

Today's
soup.
8

蔬菜豆类汤＋奶酪法式面包

这是能够让人吃很饱、放入了很多菜的汤。
蔬菜和豆类的甘甜味很浓，所以只放盐和胡椒粉就会足够美味。

材料 2 人份

[蔬菜豆类汤]

土豆 1/2 个
胡萝卜 1/4 根
洋葱 1/4 个
圣女果 6 个
西芹 1/4 根
培根（片状） 50 克
豆类罐头 50 克
水 300 毫升
盐 2 小撮
胡椒粉 少许
橄榄油 1 大勺

[奶酪法式面包]

法式面包（切成 1 厘米厚的片） 4~6 片
奶酪粉 适量

做法

[蔬菜豆类汤]

1

土豆、胡萝卜削皮，切成3~4毫米厚的扇形片。洋葱切成细丝。

2

圣女果去蒂后切成4等份，西芹去筋后切成3毫米宽的小条。培根切成5毫米宽的小条。

3

锅里倒橄榄油，用中火加热，把步骤1和步骤2准备好的蔬菜放入，一起翻炒。

4

蔬菜变软后放入豆类罐头和水。

5

煮沸后除去浮沫，盖上锅盖，用小火煮10分钟左右，最后加入盐和胡椒粉调味。

[奶酪法式面包]

法式面包片放上奶酪粉，用烤箱烤2~3分钟，至出现焦色。

大头菜浓汤 + 吐司条

大头菜浓汤是能够品尝到蔬菜的甘甜味的简单浓汤。
这道早餐还配了可以浸泡在汤里食用的美味吐司条。

材料 2人份

[大头菜浓汤]

大头菜　2个
土豆　1/2个
洋葱　1/4个
水　150毫升
牛奶　100毫升
盐　1/4小勺
粉红胡椒　适量
橄榄油　1大勺

[吐司条]

切片面包（6片切）　1片

做法

[大头菜浓汤]

1. 大头菜和土豆削皮切成5毫米厚的扇形片，洋葱切成细丝。
2. 锅里倒入橄榄油加热，放洋葱丝后调小火，再用中火翻炒。洋葱丝变软后加入芜菁片和土豆片，轻轻翻炒。倒入水煮沸，盖上锅盖，用小火煮10分钟左右。
3. 步骤2制成的蔬菜汤变凉一点后，倒入搅拌机，搅至顺滑。
4. 把搅好的蔬菜汤再倒回锅里，加入牛奶再加热，用盐调味。盛碗，如果有粉红胡椒，撒一点。

[吐司条]

一片面包竖切成4等份，用烤箱烤至有焦色。

POINT

浓汤里的蔬菜通过蒸煮提升美味。

食材放入搅拌机搅碎后再倒回锅里，加入牛奶，再加热。注意不要过度煮沸。

鸡肉小油菜汤

此汤是适合早餐的清淡口味的汤。
汤里面有鸡肉，所以很像一道主菜。
请配面包一起食用。

材料 2人份

鸡腿肉 1个（300克）
小油菜 1/3捆
洋葱 1/4个
小麦粉 1大勺
Ⓐ 水 200毫升
Ⓐ 鸡精（颗粒） 2小勺
牛奶 150毫升
盐 1/4小勺
胡椒粉 少许
橄榄油 1大勺

做法

1. 除去鸡腿肉多余的黄色脂肪，切成大块。小油菜切成片，洋葱切成细丝。
2. 锅里倒橄榄油，加热后翻炒洋葱丝，变软后就加入鸡腿肉块。鸡腿肉块变色后加小油菜片，轻轻翻炒。用漏网把小麦粉筛进锅里，炒至没有粉末状。
3. 加入Ⓐ，煮沸，除去浮沫，再用小火煮5分钟左右。
4. 加入牛奶，煮开加入盐和胡椒粉调味。

POINT

为防止小麦粉成团，用漏网筛进锅。

加入牛奶之后，注意不要过度煮沸。

EASY SOUP

与早餐相配的简单汤

玉米葱汤

玉米的甜味会让人很舒服。
浓郁的葱香味是这道汤的焦点。

材料 2人份

- 玉米粒（罐头） 100克
- 香葱丝 3根份
- 姜末 2小勺
- Ⓐ 水 400毫升
- Ⓐ 酱油 2小勺
- Ⓐ 白砂糖 1小勺
- Ⓐ 盐 1/4小勺
- 橄榄油 1/2大勺

做法

1. 锅里倒橄榄油加热后，放入玉米粒、香葱丝、姜末，轻轻翻炒。
2. 加入Ⓐ，煮沸。

轻轻翻炒可提出香葱和姜的香味，提升汤的美味。

秋葵裙带菜汤

所用材料有黏稠感和甘甜味，汤的调味就会变得很简单。
此汤是很快就能做好的快餐汤。

材料 2人份

- 秋葵 4根
- 裙带菜 5克
- 酱油 2小勺
- 水 400毫升
- 盐 1/4小勺

做法

1. 秋葵横切成3毫米厚的圆形片。
2. 锅里放入秋葵片和酱油、水，用中火加热，煮沸后放入裙带菜，加盐调味。

秋葵和裙带菜，会使汤非常黏稠。

只加上一碗热汤，早餐就会变得很丰盛。
简单汤类很适合在时间紧的早上制作，不用高汤也能做出。

芝麻菜番茄汤

此汤是番茄的酸味很浓的清淡欧式汤。
培根的咸味和芝麻菜的香味，也是一个焦点。

材料 2人份

- 芝麻菜　1捆
- 番茄　1/2个
- 培根（片状）　40克
- Ⓐ 水　400毫升
- Ⓐ 鸡精（颗粒）　2小勺
- 盐　1/4小勺
- 粗粒黑胡椒粉　少许
- 橄榄油　1/2大勺

做法

1. 芝麻菜切成2厘米长的段，番茄切成1厘米见方的块，培根切成5毫米宽的条。
2. 锅里倒橄榄油加热，放入培根条、番茄块，轻轻翻炒。加入Ⓐ，煮沸。除去浮沫，放入芝麻菜条，加入盐和粗粒黑胡椒粉调味。

芝麻菜很快就会熟，所以要最后放。

鸡蛋海带汤

鸡蛋和海带的组合让人百吃不厌。
鸡蛋液一点一点倒进去，以产生醇和的味道。

材料 2人份

- 鸡蛋　2个
- 小块海带（干）　2小勺
- Ⓐ 水　400毫升
- Ⓐ 鸡精（颗粒）　2小勺
- Ⓐ 盐　1/4小勺

做法

锅里放入小块海带和Ⓐ，用中火加热。煮开后调小火，把鸡蛋液一点一点倒进去。

鸡蛋要充分打散，用长筷转着圈一点一点倒入锅中。

50¢ dozen

西式蛋卷 + 苦苣幼苗沙拉

做蛋卷的时候，在鸡蛋中放入生奶油可提升浓香风味。
蛋卷在半熟状时要快速卷起来，这样会很松软。
再配上绿色沙拉，就是完美的一餐。

材料 2人份

[西式蛋卷]

- 鸡蛋 4个
- Ⓐ 生奶油 2大勺
- Ⓐ 盐 2小撮
- Ⓐ 胡椒 少许
- 黄油 20克

[苦苣幼苗沙拉]

- 苦苣 3~4片
- 西蓝花幼苗 1/2袋
- 圣女果 4个
- 开心果油 1/2大勺
- 盐、胡椒粉 各少许

开心果油
从开心果里提取的油，有甘甜和香的风味。虽然有点贵，但是淋在蔬菜上会增添美味，所以推荐使用。

做法

[西式蛋卷]

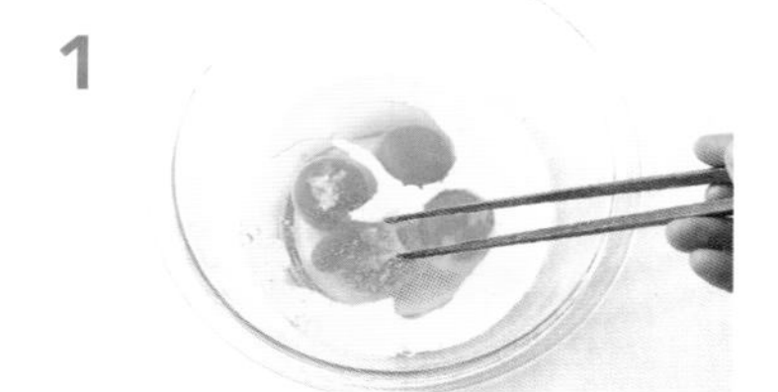

1 盆里打入鸡蛋，加入Ⓐ，搅拌均匀。

2 平底锅里放一半黄油，加热至融化，再加入步骤1制好鸡蛋液的一半。

3 用中火加热，同时用筷子大幅度在锅中搅拌。

4 蛋卷半熟时，对半折起。剩下的鸡蛋液也同样煎成鸡蛋卷。

[苦苣幼苗沙拉]

苦苣用手撕成小块后，跟西蓝花幼苗、圣女果一起盛盘。淋上开心果油，撒上盐和胡椒粉。

铁锅煎蛋＋绿叶生菜彩椒沙拉

因为只要把材料放进烤箱里烤就可以，所以很适合在匆忙的早晨做。
这是一款配了很多沙拉、非常健康的单碟料理。

材料 2人份

[铁锅煎蛋]

鸡蛋　2个
菠菜　1/4把
火腿　4片
盐　2小撮
粗粒黑胡椒粉　少许

[绿叶生菜彩椒沙拉]

绿叶生菜　3~4片
红彩椒　1/4个
紫皮洋葱　体型较小1/4个
Ⓐ 芥末　2小勺
Ⓐ 橄榄油　2大勺
Ⓐ 盐　2小撮
Ⓐ 胡椒　少许

做法

[铁锅煎蛋]

1 菠菜用放入适量盐（不计入材料中）的沸水煮1~2分钟，倒入凉水再挤出水分，切成10厘米长的段。

2 在铁锅等耐热容器放入火腿和菠菜条，打鸡蛋进去，撒上盐。用烤箱烤5~ 6分钟，再撒粗粒黑胡椒粉。

[绿叶生菜彩椒沙拉]

1 绿叶生菜用手撕成小片，红彩椒去籽切成细丝。紫皮洋葱切成细丝后用水洗一下，再沥干水。

2 把步骤1准备好的蔬菜盛盘，淋上已混合好的Ⓐ。

POINT

把2片火腿上下重叠铺放。

菠菜片沿着锅边摆放，把鸡蛋打在锅中间。

专栏 6

BOILED EGG

美味煮鸡蛋的做法和吃法

煮鸡蛋要么放在吐司上面，要么放在沙拉里。煮鸡蛋是一种很方便的材料。
这里介绍美味煮鸡蛋的煮法和吃法。

煮鸡蛋

半熟和全熟，凭个人喜好调整时间。

材料 4人份

鸡蛋 4个

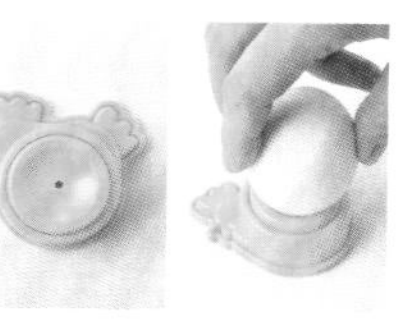

煮鸡蛋用的打孔机

放上鸡蛋压下去下面就伸出针打孔的专用器具，在市场上有出售。

做法

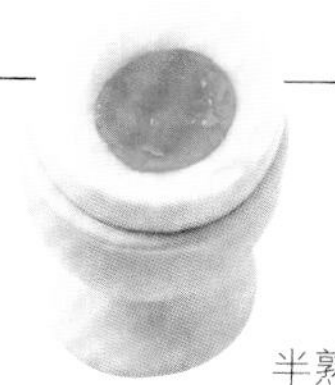

半熟

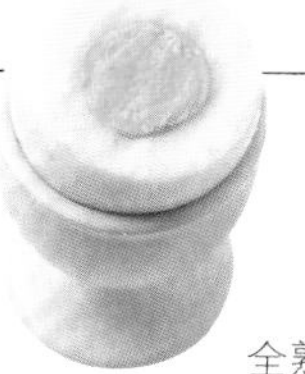

全熟

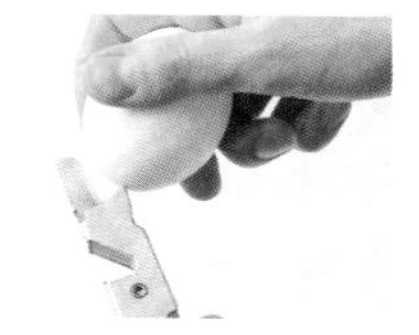

1 用开罐头的尖状物或者打孔机在蛋底（圆的那头）打个小孔。

★打孔容易去壳。

2 锅里放鸡蛋和水，水倒至淹没鸡蛋，用中火煮。煮开后调小火，煮至半熟需要6分钟，全熟需要12分钟。

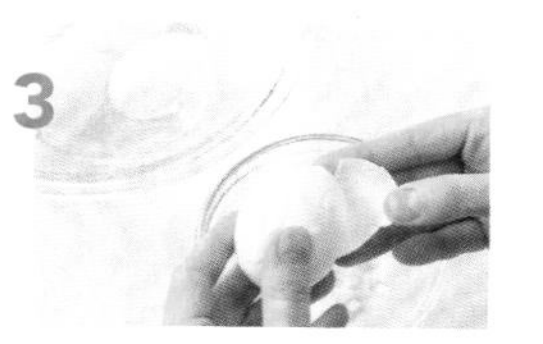

3 把鸡蛋放入冰水里，凉后拿出来去壳。

吃法 1

调味蛋

只要花一点时间，
就可做出很漂亮的一碟。

材料 2人份

煮鸡蛋（全熟）2个 Ⓐ（鳀鱼 1 片 蛋黄酱 1 大勺）
黑橄榄（无籽）的横切圈 4 片

做法

煮鸡蛋去壳，对半竖切。蛋黄取出放盆里，加入Ⓐ，均匀搅拌。用勺子把已调味的蛋黄放回蛋清之中，上面放上黑橄榄圈。

★可以把已调味的蛋黄放进三角奶油袋里，再挤到蛋清上。

吃法 2

卤蛋

卤蛋单吃也很美味，
跟米饭也很配。

材料 4人份

煮鸡蛋（半熟）4个 Ⓐ［面条汁（3倍浓缩）50毫升 水 150毫升］

做法

煮鸡蛋去壳后放入保鲜袋里，倒入Ⓐ，放入冰箱 3 小时以上。

在有汁浸泡的状态下，鸡蛋可以冷藏保存3天左右。

Ball
Jelly
Glass

吐司沙拉

把烤得脆脆的面包片切成小块，放在沙拉上。吃面包的同时，还能吃到很多蔬菜。
仅一小碟，就会让你吃得饱饱的。

材料 2人份

生菜（或苦苣等自己喜欢的蔬菜） 3~4 片
鸡蛋 2个
培根（块状） 50克
切片面包（6切片） 1片
奶酪粉 2大勺
蛋黄酱 2~3大勺
橄榄油 1小勺

做法

1 鸡蛋煮全熟（见第29页）后竖切成4等份。生菜用手撕成小块，培根切成吃着方便的小块。

2 平底锅里倒橄榄油加热，把培根块煎至有焦色。

3 切片面包切成16等份，用烤箱烤至焦色。

4 把生菜片、培根块、鸡蛋块盛在盘里，再放入步骤3煎好的面包块，撒上奶酪粉，淋上蛋黄酱。

SAUCE

蛋黄酱的做法

手工制作的美味别有一番魅力。建议使用新鲜的鸡蛋制作蛋黄酱。

材料

1人份

蛋黄 1个
醋 2小勺
橄榄油 150毫升
盐 1／2小勺
胡椒粉 少许

做法

1 把蛋黄和醋倒盆里，用打泡器充分搅拌。

2 一点一点倒入橄榄油并搅拌均匀，用盐和胡椒粉调味。

★蛋黄酱放在冰箱里能保存3天左右。

烤蔬菜沙拉

蔬菜切成较大的块，
吃起来会有满足感。
罗勒汁可以用搅拌机轻松做出来，
请大家试一下。

POINT

按煎熟的顺序，把食材从锅里拿出来。如果1次煎不完，可以分2次煎。

材料 2人份

西葫芦 1/2根
番茄 1/2个
黄彩椒 1/2个
大头菜 1/2个
盐 1小撮
橄榄油 1大勺
罗勒汁 适量

做法

1 西葫芦竖切成1厘米的片厚，番茄横切4等份。黄彩椒去籽竖切4等份。大头菜留一点茎，削皮后竖切成8等份。

2 平底锅里倒橄榄油加热，把步骤1准备好的蔬菜放进去，加盐，用大火煎至两面都有焦色。盛在盘里，淋上罗勒汁。

SAUCE

罗勒汁的做法

罗勒汁除了做沙拉，还可用于做意大利面汁。

材料 2人份

罗勒叶 1包（10克）
松子 20克
奶酪粉 1大勺
橄榄油 50毫升
盐 1/4小勺

做法

把所有材料放进搅拌机或者食品加工机里，搅拌至非常滑润。

★放在冰箱里能保存5天左右。

蒸蔬菜沙拉

这是用一个锅就能做好、含有各种蔬菜的热沙拉，
口味清淡，很适合在早晨食用。

材料 2人份

卷心菜 1/6个
花椰菜 1/2个
蟹味菇 1袋（100克）
培根（块状） 50克
Ⓐ 酒 2大勺
Ⓐ 酱油 1大勺
Ⓐ 黄油 10克

做法

1 卷心菜无规则切片，花椰菜掰成小块。蟹味菇去掉根。培根切成1~2厘米见方的块。

2 在厚底铁盖锅里放入步骤1准备的食材和Ⓐ，盖上盖子，用中火蒸15分钟。

POINT

此菜关键在于使用能出美味汁的材料，如培根或菌菇。蔬菜可根据喜好更换。

为了保存蔬菜的水分和美味，推荐使用厚的铁制盖锅，盖上盖子蒸。

苹果肉桂煎饼

这是孩子和大人都喜欢的传统西式煎饼。
再配上甘甜的烤苹果和玛斯卡彭奶酪，让早餐更丰盛。

材料 直径 10 厘米的 6 片

- 鸡蛋　1 个
- 白砂糖　2 大勺
- 色拉油　1 大勺
- 牛奶　100 毫升
- Ⓐ 小麦粉　100 克
- Ⓐ 泡打粉　1 小勺
- Ⓐ 盐　1 小撮
- Ⓑ 黄油　10 克
- Ⓑ 白砂糖　2 大勺
- 苹果　1/2 个
- 玛斯卡彭奶酪　3~4 大勺
- 薄荷叶　适量
- 肉桂粉　少许

准备

* Ⓐ混合在一起，用漏网筛一下。
* 苹果削皮去核，切成 1.5 厘米厚的月牙形片。

做法

1

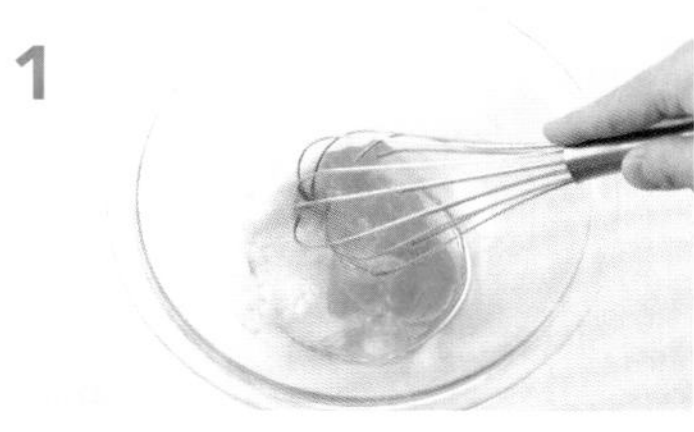

把鸡蛋打在碗里，加入白砂糖，用打泡器搅拌。

2

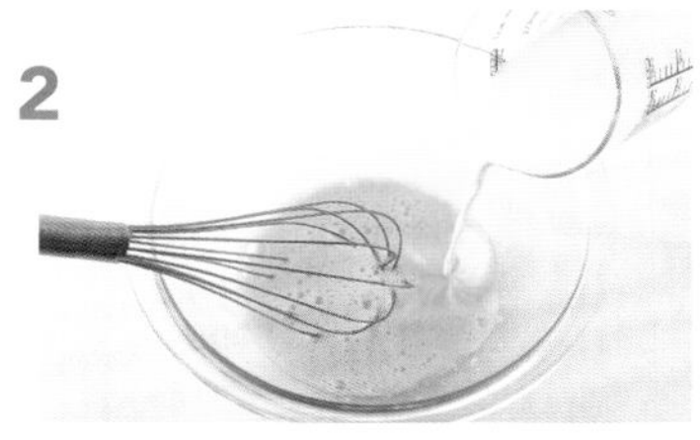

加入色拉油、牛奶，再搅匀。

3

放入筛过的Ⓐ，搅拌至没有面块。

4

往平底锅倒入1小勺色拉油（不包括在材料之中），用厨房用纸抹匀，加热后在湿抹布上放凉。

5

用小火加热平底锅，倒入1汤勺步骤3搅拌的面糊。

6

面饼表面起泡就翻面，烤至焦色。同样把剩下的面糊也烤成面饼。

7

平底锅放入Ⓑ，用中火融化。放入切成片的苹果，煎至苹果片变软有焦色，跟煎饼一起盛盘。放上玛斯卡彭奶酪和薄荷叶，撒上肉桂粉。

沙拉煎饼

煎饼可加上煎蛋和蔬菜。
蛋黄酱加奶酪和豆奶混合制成的调汁，才是美味的关键。

材料 直径10厘米的6片

- 鸡蛋 1个
- 白砂糖 2大勺
- 色拉油 1大勺
- 牛奶 100毫升
- Ⓐ 小麦粉 100克
- Ⓐ 泡打粉 1小勺
- Ⓐ 盐 1小撮
- 鸡蛋（煎蛋用） 2个
- 芝麻菜 1袋
- Ⓑ 蛋黄酱 2大勺
- Ⓑ 豆奶 2大勺
- Ⓑ 奶酪粉 1大勺

准备

*把Ⓐ混合在一起，并用漏网筛过。

做法

1 把鸡蛋打在碗里，加入白砂糖，用打泡器搅匀。把奶酪粉、色拉油、牛奶按顺序加进鸡蛋液，放入筛过的Ⓐ，搅拌至看不到面粉状。

2 参照第35页苹果肉桂烤煎饼做法的4~6步。平底锅里倒1小勺色拉油（不包括在材料之中），用厨房用纸涂抹均匀后加热，在湿抹布上放凉，再用小火加热。面糊用汤勺取1勺倒入，烤至两面出现焦色。剩下的面糊也同样方法烤制，最后盛盘。

3 平底锅里倒1大勺色拉油（不包括在材料之中）加热，把鸡蛋打进平底锅做煎蛋，放在西式煎饼上面。放上芝麻菜，Ⓑ混合后浇在芝麻菜上面。

POINT

面糊中加入奶酪粉，可增加咸味和浓香味。

蛋黄酱里放入奶酪粉，拌匀，再加豆奶，溶化制成酱。

专栏 7

DRINK MENU

早餐饮料

没时间吃早餐时，建议喝一杯蔬菜或水果饮料。
一杯饮料就能唤醒你的身体。

小油菜苹果汁

此饮料有清淡味的小油菜和苹果的甘甜味，是一种很容易喝下的绿汁。

材料 2人份

小油菜 1/6 棵
苹果 1/2 个
水 200 毫升

做法

1 小油菜无规则切碎，苹果削皮去芯后切成小块。

2 把步骤1准备好的食材放入搅拌机，加水后搅拌至滑润。

风味饮料

把水果放入碳酸水里就可以做出风味饮料。有淡淡的酸味，很清爽。

材料 2人份

菠萝 60 克
蓝莓 30 克
覆盆子 30 克
碳酸水 350 毫升
薄荷叶 适量

做法

1 菠萝削皮后切成块。

2 杯子倒入碳酸水，把菠萝块和蓝莓、覆盆子放进去，再放上薄荷叶。

菠萝酸奶汁

酸奶的酸味加上菠萝的甘甜味，会使美味得到升华。

材料 2人份

菠萝 200 克
原味酸奶 100 克
牛奶 100 毫升

做法

1 菠萝削皮切成块。

2 搅拌机放入菠萝块，倒入原味酸奶和牛奶，搅拌至滑润。

★根据菠萝的甘甜程度，可以再加入1大勺蜂蜜。

周末的休闲早餐

在时间充裕的周末，可以慢慢享用早餐。
把料理盛在自己喜欢的盘子里，情绪就会变得高涨。
给大家介绍一下在日本旅馆里才能吃到的早餐套餐、
使用罐子（保存瓶）做的鸡蛋苏拉特等
以及需要下点功夫才能做出的珍品早餐。

烤鲑鱼套餐

这是把烤鲑鱼、日式卷鸡蛋等经典早餐单品配在一起的套餐。
可以根据个人喜好，添加腌咸萝卜或野泽菜等日式咸菜。

材料 2人份

[烤鲑鱼]

腌鲑鱼 2片
萝卜末、酱油 各少许

[茼蒿拌豆腐]

茼蒿 1/2把
豆腐 1/4块（50克）
Ⓐ 白芝麻酱 1大勺
Ⓐ 白砂糖 1小勺
Ⓐ 酱油 1/2小勺

[汤汁鸡蛋卷]

Ⓐ 鸡蛋 3个
Ⓐ 汤汁 50毫升
Ⓐ 淡味酱油 1小勺
Ⓐ 白砂糖 1小勺
Ⓐ 盐 1小撮
色拉油 1小勺

[豆腐海带味噌汤]

豆腐 1/2块（100克）
大葱 1/4根
小块海带（干） 2小勺
汤汁 400毫升
味噌 2大勺
米饭 2碗

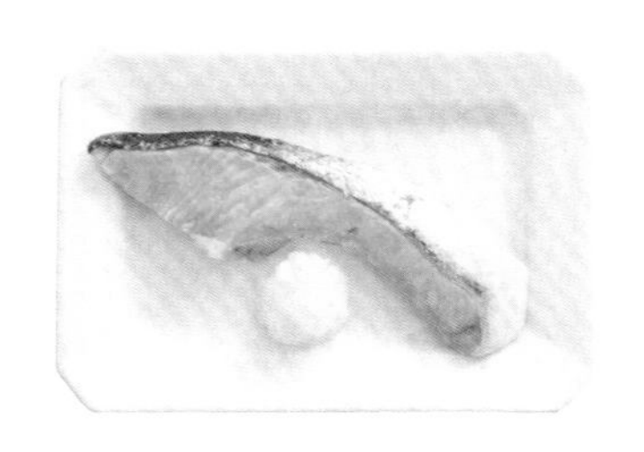

[烤鲑鱼]

烤鱼盘提前预热。腌鲑鱼皮朝上放在烤盘网上，用中火烤7分钟，翻面之后再烤2~3分钟。
烤好盛盘，放上萝卜末，吃时再浇酱油。

[茼蒿拌豆腐]

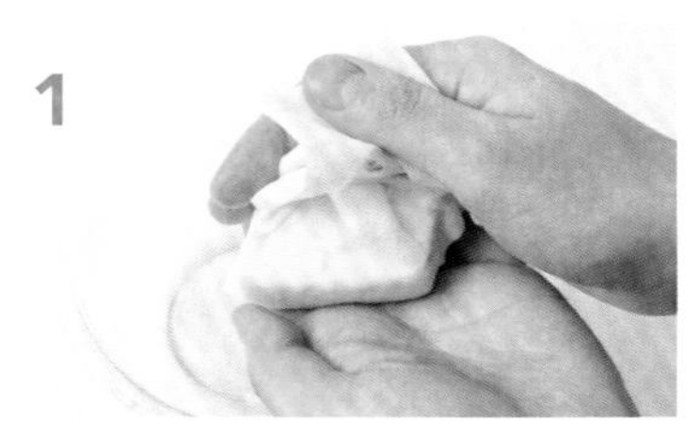

1 豆腐用厨房用纸包好，轻轻挤出水分。

2 盆里放入已挤水的豆腐和Ⓐ，用擀面杖边压碎豆腐边搅拌至滑润。

3 茼蒿从中间切成两半，用放入适量盐（不包括在材料之中）的沸水中煮（先放入茎的部分）。茼蒿拿出放入凉水里再挤出水分，切成4厘米长的段。

4 把准备好的茼蒿段加入已搅拌好的豆腐中，拌匀。

[汤汁鸡蛋卷]

1

盆里放入Ⓐ，搅拌均匀。

2

专门的卷蛋锅或者平底锅用中火加热，倒入色拉油，用厨房用纸抹匀。

3

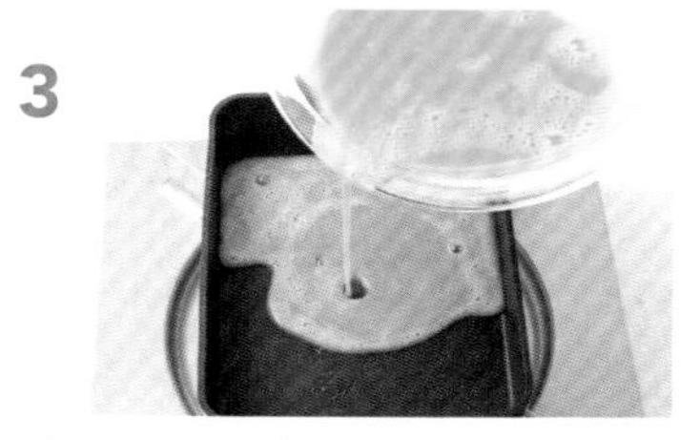

倒入步骤1搅拌好的鸡蛋液的1/4，用小火煎。

4

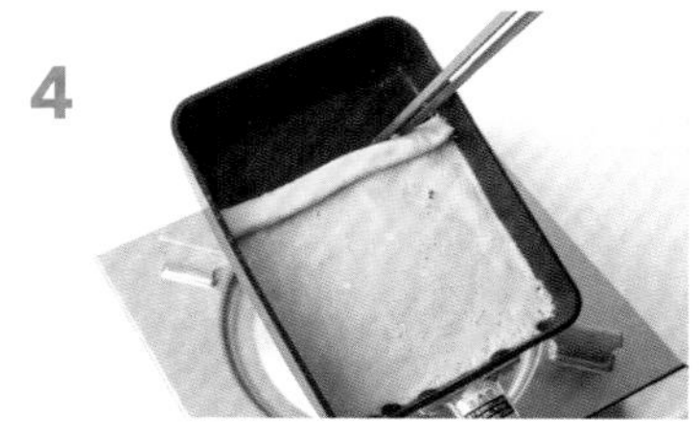

鸡蛋饼呈半熟状，用长筷从外向内卷起。

5

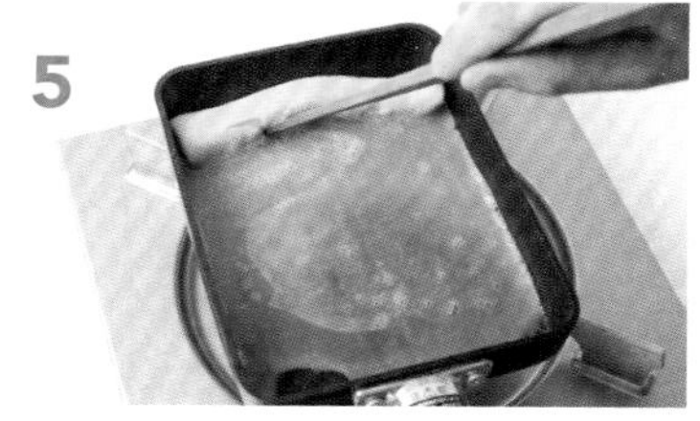

把步骤4卷好的蛋卷推至锅的另一边，再倒入鸡蛋液的1/4量，把放蛋卷一侧锅向上抬高一点，让鸡蛋液流向对边。

6

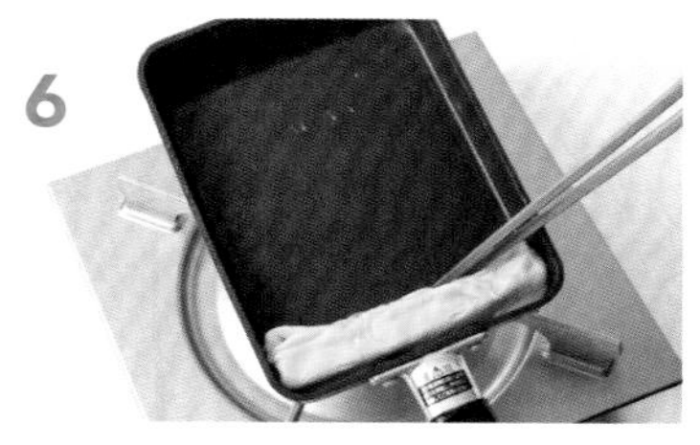

鸡蛋饼呈半熟状时，同步骤4一样用长筷向对面卷起。

7

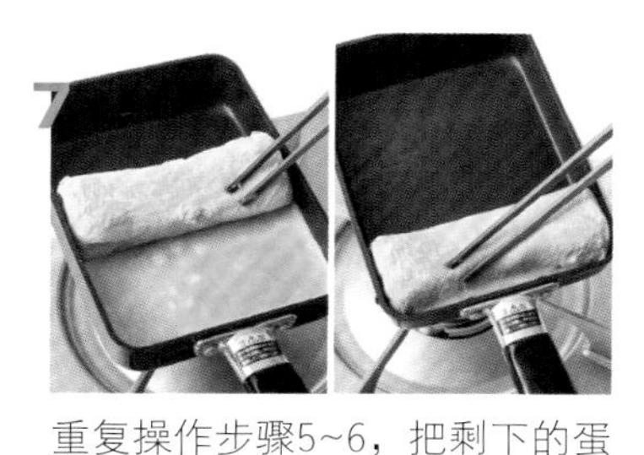

重复操作步骤5~6，把剩下的蛋液都煎成蛋饼并卷起来，最后切成容易吃的大小并盛盘。

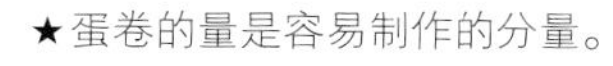

★蛋卷的量是容易制作的分量。

[豆腐海带味噌汤]

1

把豆腐切成1.5厘米见方的块，大葱切成丝，准备好海带。

2

锅里倒入汤汁和豆腐块、大葱丝、海带，用中火加热，汤煮开后调成小火，把味噌加入汤中待溶化。

烤竹荚鱼套餐

说起经典日式早餐，烤竹荚鱼就可以算是一道。
再加上蛋卷和蔬菜的芝麻拌，就组成了一份很下饭的日式套餐。

材料 2人份

[烤竹荚鱼]

竹荚鱼干　2条

[蛋卷]

Ⓐ
- 鸡蛋　3个
- 牛奶　2大勺
- 白砂糖　2小勺
- 盐　1/4小勺

色拉油　1/2大勺

[芸豆拌芝麻]

芸豆　80克

Ⓐ
- 白芝麻碎　2大勺
- 白砂糖　1小勺
- 酱油　1小勺

[蚬子味噌汤]

蚬子（已去泥沙）　150克
水　400毫升
味噌　2大勺

含8种杂粮的米饭　2碗份

做法

[烤竹荚鱼]

烤鱼盘提前预热。竹荚鱼干鱼腹朝上放在烤鱼网上，用中火烤7分钟左右，翻面再烤2~3分钟。

POINT
要把竹荚鱼干烤熟透。

[蛋卷]

1. 盆里放入Ⓐ，搅拌均匀。
2. 专门的卷蛋锅或者平底锅倒入色拉油加热，鸡蛋液倒入1/4。调至小火，鸡蛋饼呈半熟状后，用长筷将它从外向里卷起，再推到锅的另一边。
3. 再次倒入鸡蛋液的1/4，把放蛋卷一侧的锅抬起来，使鸡蛋液流向对面，同步骤2一样卷起鸡蛋饼。这样重复2次左右，把剩下的蛋液煎熟并卷起。最后切成小块，盛盘。

★蛋卷的量是容易制作的分量。

POINT
放入牛奶会有浓香味，煎出的蛋卷还很松软。

[芸豆拌芝麻]

1. 芸豆去掉角，用放入适量盐（材料之外）的沸水煮3~4分钟。倒入凉水再控干水，切成5厘米长的段。
2. 盆里放Ⓐ，混合，加入芸豆段，拌匀。

POINT
芸豆煮得恰到好处再倒入凉水，就会颜色鲜艳。

[蚬子味噌汤]

锅里放水和洗好的蚬子，加热，水开蚬子壳开后去掉浮沫，放入味噌待之溶化。

POINT
在放味噌之前，把浮沫除净。

专栏 8

MISO SOUP

花样味噌汤

茄子蘘荷味噌汤

使用比较甘甜的麦味噌，会别有一番风味。

材料 2人份

茄子 1/2根
蘘荷 1个
高汤 400毫升
麦味噌 1.5~2大勺

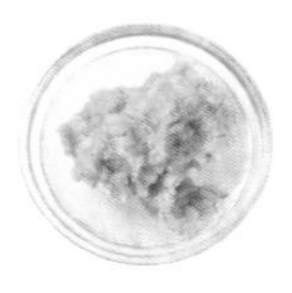

麦味噌
是用麦曲做的味噌，有很浓的香味和甘甜味的特征。但会有很多黑线一样的渣子，所以建议用漏网筛过一下。

做法

1 茄子切成5毫米厚的月牙形片，蘘荷切成丝。

2 锅里放入高汤和茄子片并加热，煮开后调成小火，煮至茄子片变软。

3 加入蘘荷丝，再煮一会儿，把麦味噌用漏网勺放入汤中，待溶化于汤中。

茄子片变软后，再加入蘘荷丝。

卷心菜荷包蛋味噌汤

蛋黄易入汤，并使汤润滑，跟西式料理也很配。

材料 2人份

卷心菜 2片
鸡蛋 2个
高汤 400毫升
味噌 1.5~2大勺

做法

1 卷心菜切成丝。

2 锅里放入高汤和卷心菜丝并加热，煮开后调成小火，煮至卷心菜丝变软。

3 把味噌放汤中待溶化，把鸡蛋打进去，蛋白变硬即可关火。

卷心菜切成了丝，所以很快就能煮熟。

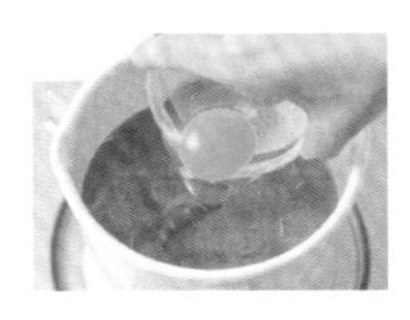

鸡蛋先打在别的碗里再放进汤中，这样荷包蛋不容易散。

早上吃米饭的时候，总是会想喝味噌汤。
只是换种配料或味噌，味噌汤就能做出很多花样。

南瓜荷兰豆味噌汤

南瓜的甘甜味，会使汤非常清淡。

材料 2人份

南瓜　2片
荷兰豆　8片
高汤　400毫升
味噌　1.5~2大勺

做法

1 南瓜切成5毫米厚的扇形片，荷兰豆去筋。

2 锅里放入高汤和南瓜片加热，煮开调成小火，煮至南瓜片变软。

3 加入荷兰豆，煮1分钟左右，再放入味噌待其溶化。

南瓜切得薄一些，短时间内就能被煮软。

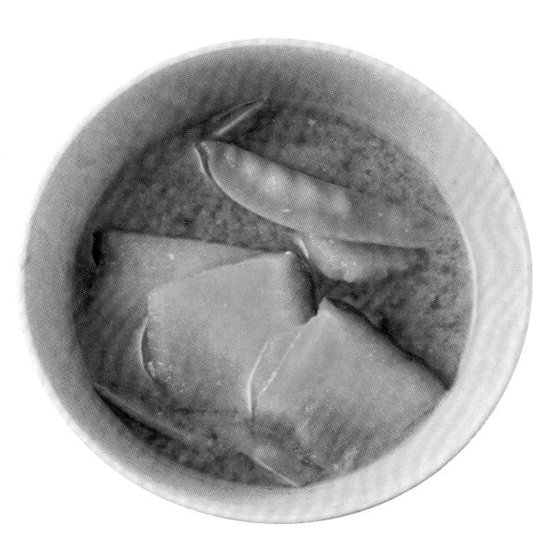

生面筋味噌汤

使用了筋道的生面筋，并加入白味噌的京都风味味噌汤。

材料 2人份

生面筋（栗子面筋或者艾草面筋）　100克
高汤　400毫升
白味噌　2大勺左右
七味粉　少许

做法

1 把生面筋切成小块。

2 锅里放高汤加热，煮开调成小火，放入白味噌待其溶化。

3 加入生面筋块，煮2~3分钟后盛盘，撒点七味粉。

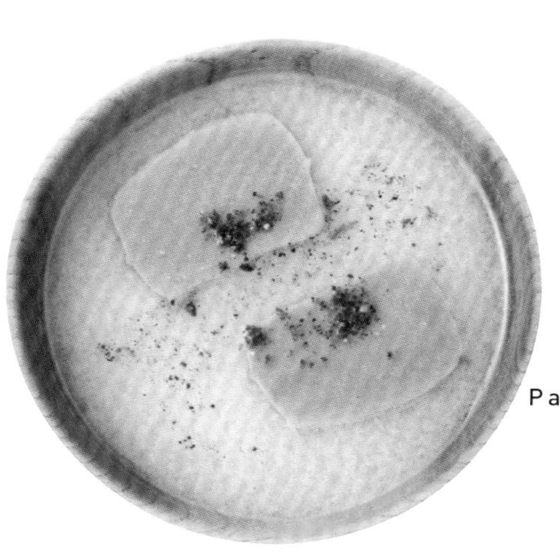

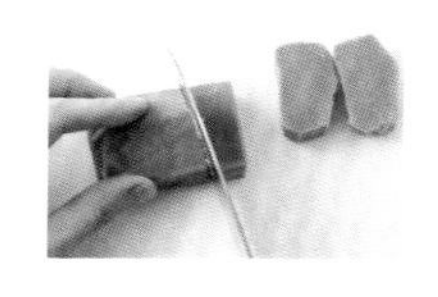

生面筋不仅热量低，而且营养价值也高。左图为艾草面筋。

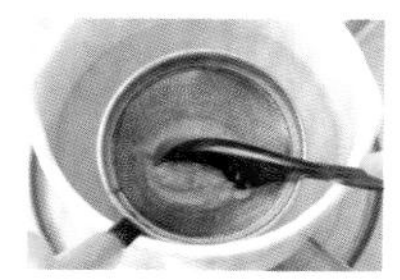

加入甘甜的白味噌，会显得汤很有品位。

中式稀粥

粥中姜的风味和鸡肉的汤汁非常浓郁，
可让人身心都变暖。
油炸饼的清脆口感和香菜的香味也是很好的搭档。

材料 2人份

- 鸡腿肉　1片（300克）
- 油炸饼　1片
- 大葱　1/2根
- 姜　1片
- Ⓐ 水　600毫升
- Ⓐ 酒　1大勺
- 米饭　200克
- 盐　3/4小勺
- 胡椒粉　少许
- 香菜　适量

做法

1. 鸡腿肉切成大块。油炸饼用烤箱烤1～2分钟，烤至有焦色，切成2厘米见方的块。大葱斜切成丝，姜切成细丝。
2. 锅里放入鸡腿肉块、大葱丝、姜丝和Ⓐ，加热，煮开后除去浮沫，加入米饭，调至中火煮15分钟左右。
3. 加入盐和胡椒粉调味，盛碗，把油炸饼块和切成2厘米长的香菜段放在上面。

POINT

鸡肉放凉水里煮，所以鸡肉的美味和材料的风味会更加浓厚。

油炸饼用烤箱烤一下，会更香浓。

鸡蛋泡饭

这是很简单却很美味的泡饭。
焦点在于葱香味和芝麻油的扑鼻香味。

材料 2人份

- 鸡蛋　2个
- 香葱丝　3根份
- Ⓐ 高汤　400毫升
- Ⓐ 淡口酱油　2小勺
- Ⓐ 盐　1/2小勺
- 米饭　300克
- 熟白芝麻　适量

做法

1. 锅里倒入Ⓐ，加热，煮开后放入米饭，再开后调成中火，煮5分钟。
2. 加入香葱丝，一点一点倒入鸡蛋液，鸡蛋液凝固即可关火。盛碗，撒点熟白芝麻。

POINT

为避免米饭成团，边煮边搅拌。

鸡蛋要均匀打散，并用长筷慢慢倒进锅。

G O O D
M O R N I N G
breakfast

玛芬

简简单单的原味玛芬可配果酱或者泡沫奶油，
也可配汤或者沙拉，跟很多东西都配。

材料 5个直径7厘米的玛芬

Ⓐ
- 小麦粉 90克
- 杏仁粉 30克
- 打泡粉 1小勺
- 盐 1小撮

鸡蛋 1个

Ⓑ
- 白砂糖 4大勺
- 色拉油 3大勺
- 牛奶 3大勺

杏仁末等自己喜欢的坚果 适量

做法

1

把Ⓐ混合均匀，用细滤网等筛过后放盆里（用勺子边混合边向下按压）。

2

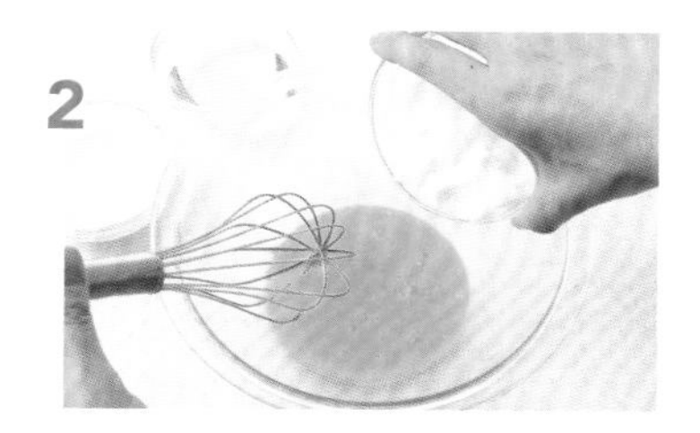

深盆打入鸡蛋，搅拌。按顺序把Ⓑ加进去，同时用打泡器搅拌。

3

加入步骤1准备好的面粉，用硅胶铲子轻轻混合，至没有粉末。

4

在模型里铺上纸杯，用勺子把步骤3制好的面糊倒进去。

5

撒点坚果，用预热至180摄氏度的烤箱烤20分钟左右。

法式蛋挞

蛋挞刚烤出来时会像蛋奶酥那样膨胀，过段时间就会变得扁扁的。
蛋挞外酥内软，是一种能带来新口感的面包蛋糕。

材料 2个直径16厘米的蛋挞

Ⓐ
- 小麦粉 70克
- 白砂糖 1大勺
- 盐 1/4小勺

- 牛奶 100毫升
- 鸡蛋 2个
- 黄油 20克
- 黄油 20克
- 柠檬 1/4个
- 粉色砂糖 2大勺

★平底锅应该使用完全铁制的锅，也可以放入烤箱制作。

做法

1. 烤箱预热至210摄氏度。把Ⓐ混合后筛过放入盆里，把牛奶、打成液的鸡蛋按顺序加入，每次加入食材都用打泡器均匀搅拌。
2. 2个平底锅用小火加热，各放入一半量的黄油，黄油融化即可关火并立即放在铺了网的烤箱盘上，再把鸡蛋液倒进去。把烤盘放入210摄氏度的烤箱里，烤13分钟左右。
3. 取出之后蛋挞表面放黄油，挤上柠檬汁，用筛网撒上粉色砂糖。也可以放横切的柠檬片（不包括在材料之中）装饰。

POINT

烹饪的关键在于平底锅里的黄油已融化且没有降温时，快速把它放在烤盘里并倒入面糊，再立即放进烤箱。

鸡蛋土豆泥

这是来自洛杉矶的时尚鸡蛋料理，做起来特别简单。
混合半熟的鸡蛋和土豆泥，放在法式切片面包上，一起食用。

材料 2人份

- 鸡蛋　2个
- 土豆　个头较小2个（200克）
- Ⓐ 牛奶　3大勺
- Ⓐ 生奶油　2大勺
- Ⓐ 黄油　10克
- Ⓐ 盐　2小撮
- 盐　1小撮
- 粗粒黑胡椒粉　少许

做法

1. 土豆削皮后切成5毫米厚的扇形片，放入耐热的盘里盖上保鲜膜，用600瓦的微波炉加热4分钟。加入Ⓐ，用擀面杖边压边混合。
2. 在两个耐热性玻璃瓶中各倒入土豆泥的一半量，各敲入一个鸡蛋，盖上保鲜膜或盖子。
3. 把瓶子摆在深一点的平底锅里，倒入容器一半高的水，用中火加热。煮开后盖上锅盖，加热5分钟左右，至鸡蛋半熟。取下保鲜膜，撒上盐和粗粒黑胡椒粉。

POINT

土豆泥混合得很滑润后放入瓶里，并让中间凹进一点。鸡蛋先敲入别的容器，再轻轻放进。

根据瓶子的高度，选择深度不同的平底锅或蒸锅。

专栏 9

HOT DRINK

适合早晨饮用的热饮

棉花糖可可

可可饮料放入了棉花糖。
一边溶化棉花糖，一边饮用。

材料 2人份

可可粉、白砂糖　各2大勺
牛奶　400毫升
棉花糖　4~6个

做法

1. 锅里放可可粉和白砂糖，加入2大勺牛奶（不包括在材料之中），拌匀。
2. 呈黏稠状后用中火加热，用硅胶铲子搅拌。呈亮色后把牛奶一点一点加进去并拌匀，煮沸之前关火。倒入杯子，放入棉花糖。

印度姜茶

喝一杯又甜又辣的印度茶，休闲一下吧。
用姜做出让身心都温暖的饮料。

材料 2人份

Ⓐ（姜末2片份　水300毫升）　红茶茶叶1小勺　牛奶100毫升　白砂糖1大勺　Ⓑ（肉桂粉、豆蔻粉、丁香粉各少许）　肉桂条2根

做法

1. 锅里放入Ⓐ，用中火加热，煮开后放入红茶茶叶，用小火煮3分钟左右。
2. 把牛奶和白砂糖加入步骤1煮好的红茶中，再煮一会儿后撒入Ⓑ。将茶水用滤网过滤后倒入杯子，最后放入肉桂条。

柠檬姜水

把材料放入杯子倒热水就可以。
姜、柠檬和蜂蜜会温暖你的身心。

材料 2人份

Ⓐ（蜂蜜3大勺　柠檬汁2小勺　姜汁1片分）　热水400毫升

做法

把Ⓐ放入杯子，倒入热水，搅拌均匀。

这些热饮都很容易制作。
早晨，请好好享用姜或香料等暖体材料制成的饮品。

薄荷茶

清爽的薄荷香使人心情舒畅。
推荐使用有清淡味的荷兰薄荷。

材料 2人份

荷兰薄荷 1袋（30克）
热水 400毫升

做法

荷兰薄荷洗好放入茶壶，倒入热水，放置3分钟左右。将茶水倒入杯子，根据喜好放装饰薄荷。

梅姜番茶

此茶对感冒或恶寒症有效。可以一边摁碎梅干，一边饮茶。

材料 2人份

番茶 400毫升 梅干1个
酱油1小勺 姜汁适量

★番茶，推荐使用名为3年番茶的有机茶。把茶叶和茎干燥后发酵3年左右制成了它，几乎不含咖啡因等刺激物质。

做法

1. 把番茶放进茶壶，倒入热水，放置5~6分钟，取出茶包，备好足量茶水。
2. 梅干去核放入杯子，加入酱油和姜汁。倒入步骤1准备好的茶水，混合均匀。

热苹果汽水

在香辛料很浓的苹果汁中，放入奶油和焦糖汁。

材料 2人份

苹果汁（100%纯果汁，最好使用无过滤的）400毫升 Ⓐ（豆蔻粉、肉豆蔻粉 各少许） 生奶油 50毫升 白砂糖1小勺 焦糖汁（现成品）适量 奶油适量。

做法

1. 生奶油和白砂糖放入小盆，用打泡器打泡，做成打泡奶油。
2. 锅里倒入苹果汁和Ⓐ，开火加热，煮开后倒入杯子。把步骤制成的奶油放在杯中果汁上，再淋上焦糖汁。

Part 3

花式早餐

本章介绍使用面包制作的花式三明治、
盖饭或炒饭等米饭料理、
醋渍鱼、汤、鸡蛋料理等各种各样的花式早餐。
这些都是短时间内就能做好的简单料理，
建议早餐食用。

Merci

法式火腿三明治

真是无法抵抗热乎乎的法式白酱和融化后黏糊糊的奶酪。
放上火腿会非常美味。可以根据喜好，配上简单的生菜沙拉等。

材料 2人份

切片面包（8片切） 4片
火腿 4片
比萨奶酪 100克
粗粒黑胡椒粉 少许

法式白酱：
无盐黄油 30克
小麦粉 2大勺
牛奶 200毫升
盐 1/4小勺
胡椒粉 少许

做法

1 制作法式白酱。锅里放无盐黄油，用小火融化，加入小麦粉并拌匀。待发出“咕嘟咕嘟”的响声时，翻炒1~2分钟。

2 锅中一点一点加入牛奶，边煮边待牛奶溶于汤中。

3 汤呈黏稠状（用铲子锅底画线，线马上消失）时，加入盐和胡椒粉调味。

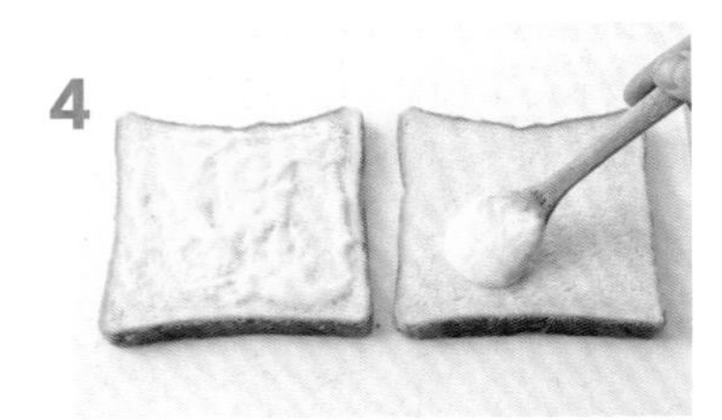

4 在2片切片面包上涂步骤3制成的法式白酱的1/4。

5 各放上2片火腿，露一点火腿在面包外，再各放1/4比萨奶酪在最上面。

6 把剩下的切片面包盖在比萨奶酪上面，再放剩下的法式白酱和比萨奶酪（稍微漏出一点）。用烤箱烤4分钟左右，烤至有焦色，撒点粗粒黑胡椒粉。

土豆饼

把用微波炉加热的土豆捏成形，再用平底锅煎。
土豆饼表面非常香脆，里面特别松软。

材料 2人份

土豆　2个（300克）
盐　1/2小勺
胡椒粉　少许
无盐黄油　20克

做法

1 土豆削皮后用切丝器（或者菜刀）切成细丝。不过水放入耐热盘，撒上盐和胡椒粉，盖上保鲜膜，用600瓦的微波炉加热5分钟。

2 把已熟的土豆丝分成4份，捏成椭圆形的饼。

3 平底锅里放无盐黄油，加热使之融化，放入土豆饼，从小火调到中火，烤至土豆饼两面都有焦色。根据喜好，添加芝麻菜和圣女果。

POINT

土豆不用过水，利用土豆淀粉的黏稠性将之捏成团。如果土豆太烫，可使用勺子或其他东西捏型。

煎土豆饼时尽量不要触碰，呈焦黄色就翻面。

越式法棒三明治

法棒里夹入蔬菜或肉等，
制成越南三明治。
这道三明治美味的关键在于，
用越南鱼酱拌制的酸甜口味烩菜。

材料 2人份

烩菜
- 萝卜 4厘米（100克）
- 胡萝卜 1/4根（50克）
- 盐 1/4小勺
- Ⓐ 越南鱼酱 2小勺
- Ⓐ 白砂糖 1小勺

- 番茄 1/2个
- 香菜 1/4束
- 圆生菜 1片
- 小法棒 2根
- 叉烧肉 6片
- 肝酱（现成品） 2大勺

做法

1. 萝卜和胡萝卜削皮切成丝，撒盐后放置约5分钟，挤出水分。加入Ⓐ一起拌，做成烩菜。
2. 番茄切成细丝，香菜切成4厘米长的段。圆生菜用手撕成易吃大小的块。
3. 小法式面包竖切成两半，参照左图的要领，在面包一面切口上涂抹肝酱，放上步骤1制好的烩菜、步骤2准备好的蔬菜和叉烧肉，盖上另一半面包。另一根小法式面包也同样方法制成三明治。

越南鱼酱
是一种把鱼贝类腌渍发酵的鱼酱，是一款具有越南特色的调味料。

POINT

在面包切口上涂抹肝酱，铺上圆生菜，按番茄、脍菜、叉烧肉的顺序摆上，最上面放香菜，再盖上另一半面包。

贝果三明治

这是用贝果面包制作的三明治。
浓厚的奶油奶酪味和粒状芥末的酸味，
与三文鱼很配。

材料 2人份

贝果面包　2个
黄瓜　1/2根
奶油奶酪　1大勺
熏三文鱼　4片
粒状芥末　2小勺
莳萝（可选）　少许

做法

1. 贝果面包横切成两半，用烤箱烤2~3分钟。黄瓜用削皮刀或者菜刀竖切成薄薄的片。
2. 在贝果面包的一面涂上奶油奶酪和粒状芥末。参考右图的要领，放上熏三文鱼、黄瓜片以及莳萝，再盖上另一片贝果面包。

POINT

奶油奶酪要涂抹均匀，再涂抹粒状芥末。

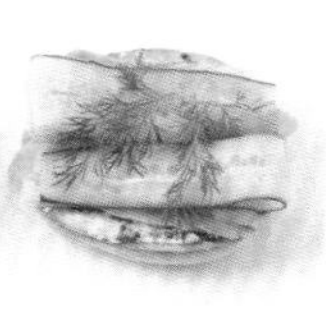

把熏三文鱼、黄瓜片折起来放置，再放上莳萝，并盖上另一片面包。

奶油焗面包

切成大块的蔬菜和松软的面包会让人吃得很饱。
推荐吃剩下面包的灵活用法。

材料 2人份

切片面包（6片切） 2片

Ⓐ
- 鸡蛋 1个
- 牛奶 100毫升
- 奶酪粉 1大勺
- 盐 1/4小勺

西蓝花 1/4个
盐、胡椒粉 各少许
圣女果 6个
比萨奶酪 40克

做法

1. 切片面包切掉边角，切成9等份。混合Ⓐ，把面包块放进去浸泡10分钟。
2. 西蓝花掰成小块，放入耐热盘，撒上盐和胡椒粉，盖上保鲜膜，用600瓦的微波炉加热2分钟。圣女果去蒂。
3. 把面包块放入耐热容器，放入西蓝花块、圣女果，再放上比萨奶酪，用烤箱烤5分钟左右。

POINT

面包块会浸入很多鸡蛋液，烤出来会非常松软。

西蓝花和圣女果根据颜色搭配来摆放，把奶酪铺在空隙。

专栏 10

QUICK BREAKFAST

快速早餐

可以在无法慢慢吃早餐的时候享用。
这些是可以快速补充能量的菜单。

早餐甜点

酸奶加入水果和玉米片，
做成类似甜点的早餐。

材料 2人份

香蕉、草莓、蓝莓等自己喜欢的水果适量　原味酸奶 200 克
玉米片 100 克　蜂蜜约 2 大勺

做法

1 水果切成易入口大小的块。

2 把玉米片、酸奶、水果块按顺序放入杯子，浇上蜂蜜。

水果麦片

营养丰富的自制麦片。
有时间预先做好放着，使用时会很方便。

材料 2人份

Ⓐ（燕麦 100 克　核桃、澳洲坚果、开心果等自己喜欢的坚果合计 50 克）
Ⓑ（椰子油或者色拉油 2 大勺　枫糖浆 3 大勺）葡萄干、蔓越莓等水果干合计 50 克

做法

1 把Ⓐ放入碗里，用手轻轻混合，加入Ⓑ再混合，但不要弄碎。

2 把步骤1混合好的食材放入铺了烘箱纸的烤盘上，铺平后用预热到160摄氏度的烤箱烤15分钟，轻轻混合后再用同温度烤10分钟。凉一会儿后，加入水果干，混合。倒入牛奶或者原味酸奶，即可食用。

胡萝卜苹果鲜榨热饮

可以像汤一样喝的热饮。

材料 2人份

胡萝卜　1/2 根（100 克）
苹果　1/2 个（150 克）
水　200 毫升
蜂蜜　1 大勺

做法

1 胡萝卜、苹果削皮切成5毫米厚的扇形片，放入搅拌机。再倒入水、蜂蜜，搅拌至滑润。

2 锅里放入步骤1搅拌好的果汁，用中火加热，倒入杯子。

ZARA HOME
Made in China

西班牙鸡蛋卷

这是用平底锅就能做的煎蛋卷。
可以放入香肠或圣女果等自己喜欢的材料，做出不同类型的蛋卷。

材料 2人份

- 西葫芦 1/4根
- 黄彩椒 1/4个
- 红彩椒 1/4个
- Ⓐ
  - 鸡蛋 3个
  - 牛奶 2大勺
  - 盐 2小撮
  - 胡椒粉 少许
- 橄榄油 1大勺
- 番茄酱 2大勺

做法

1

西葫芦切成5毫米厚的月牙形片，红彩椒、黄彩椒切成丝。

2

在直径16厘米左右的平底锅里倒橄榄油并加热，放入步骤1切好的蔬菜，翻炒至蔬菜变软。

3

盆里放入Ⓐ，混合好，再加入步骤2炒好的蔬菜。

4

用长筷轻轻搅拌，煎至半熟。

5

调成小火，盖上盖子煎2~3分钟，即可蘸番茄酱食用。

★这里用了铁制平底锅，用普通的平底锅煎熟后盛到盘里也可以。

茄汁豆

把英国料理中的白芸豆，
替换成黄豆，可制作茄汁豆。
放在吐司上，吃起来也很美味。

材料 2人份

水煮黄豆 100克
番茄（水煮罐头） 1/2罐（200克）
Ⓐ 番茄酱 1大勺
Ⓐ 中浓调味汁 1大勺
Ⓐ 月桂叶 1片
盐 1/4小勺
粗粒黑胡椒粉 少许

做法

1 锅里放入水煮黄豆、番茄和Ⓐ，开火加热。

2 煮开后调成小火，煮5分钟，用盐、粗粒黑胡椒粉调味。可以根据喜好，添加番茄和月桂叶。

POINT

选用已经煮过的罐头黄豆等，做起来就会很简单，也可以节省煮豆时间。

中浓调味汁富含的蔬菜和香辛料的美味，使味道更加浓厚。

担担面风味粉丝汤

这款汤减少了一些辣味，使用了适合早餐的调味。
粉丝可不用水泡直接放汤里煮，这样更容易烹饪。

材料 2人份

- 猪肉末　100克
- 粉丝（短）　50克
- Ⓐ 甜面酱　2小勺
- Ⓐ 酱油　1小勺
- 水　400毫升
- Ⓑ 芝麻酱（白）　2大勺
- Ⓑ 酱油　2大勺
- Ⓑ 醋　1小勺
- Ⓑ 鸡精（颗粒状）　1小勺
- 香葱丝　适量
- 辣椒油　约1小勺
- 芝麻油　1大勺

做法

1. 平底锅里倒芝麻油加热，放入猪肉末，用中火翻炒，猪肉末变色加入Ⓐ，拌匀后关火。
2. 锅里放入水和Ⓑ，混合，开火汤煮开后加入粉丝，煮3~4分钟。
3. 把步骤2煮好的汤倒碗里，放入步骤1炒好的猪肉末，撒点香葱丝，淋上辣椒油。

POINT

猪肉末边打散边翻炒，全部熟了再加调味料搅拌。

汤煮开就放入粉丝，煮至粉丝变软。

芥菜炒饭

芥菜炒饭能用冰箱里有的材料快速做出。
腌芥菜的盐分会影响炒饭整体的味道。

材料 2人份

- 腌芥菜　40克
- 培根（切片）　20克
- 大葱　1/2根
- 酱油　2小勺
- 鸡蛋　2个
- 热米饭　320克
- 盐、胡椒粉　各少许
- 芝麻油　2大勺

做法

1. 腌芥菜和培根切成粗丝，大葱切成细丝。
2. 平底锅里倒芝麻油加热，加入步骤1切的食材和酱油，用中火轻轻翻炒。
3. 加入已打散的鸡蛋液，鸡蛋饼凝固之前加入米饭，一起翻炒，最后用盐和胡椒粉调味。

POINT

炒至大葱丝变软。

倒入鸡蛋液后，马上放入米饭。

煮小银鱼盖饭

用恰到好处的盐分和口感非常好的小银鱼做成的简单盖饭，是最好的早餐选择。放入很多配料和鸡蛋，以提升美味。

材料 2人份

- 煮小银鱼 100克
- 紫苏 4片
- 烤海苔 1/2片
- 热米饭 320克
- 香葱丝 4大勺
- 熟白芝麻 2小勺
- 蛋黄 2个分
- 酱油 2小勺
- 芥末酱 适量

做法

1. 紫苏切成丝，烤海苔撕成小片。
2. 热米饭盛碗中，把煮小银鱼放上面。
3. 放上烤海苔片、香葱丝、紫苏丝，撒上熟白芝麻，把蛋黄放在正中间。食用的时候，淋上酱油和芥末酱。

POINT

煮小银鱼是用锅煮过的小银鱼。可以享受一下松软的口感。

米饭放上足量的煮小银鱼，把米饭都盖住。

专栏 11

RICE BOWL

适用作早餐的盖饭

韩式盖饭

辛辣的米饭，放上拌菜。

材料 2人份

胡萝卜 1/4 根　黄豆芽 1/4 袋　菠菜 1/2 束　芝麻油 1 大勺　熟白芝麻 1 大勺　盐 3/4 小勺　鸡蛋 2 个　热米饭 320 克　Ⓐ（熟白芝麻 1 大勺　芝麻油 1/2 大勺　韩国辣酱 1 大勺）　色拉油 1 大勺

做法

1. 拌蔬菜。胡萝卜削皮切成丝，用沸水稍煮后控干水。黄豆芽、菠菜也用沸水焯一下再放凉水里，除去水分后切成5厘米长的段。各种蔬菜分别放入芝麻油1小勺、熟白芝麻1小勺、盐1/4小勺，分别拌匀。
2. 平底锅倒入色拉油加热，敲入鸡蛋，做煎鸡蛋。
3. 热米饭里放入Ⓐ，混合后盛在碗里，把步骤1做好的拌菜和步骤2做好的煎鸡蛋放在上面。

纳豆秋葵山药盖饭

选用黏性的食材，配米饭一起食用。

材料 2人份

纳豆 1 包　酱油 2 小勺　秋葵 6 根　山药 100 克　热米饭 320 克　干木鱼花 1 袋（3 克）　芥末适量

做法

1. 纳豆放入酱油，拌匀。秋葵加盐（材料之外）用手搓后，洗净切成粗丝。
2. 山药擦成泥。碗里盛热米饭，铺上干木鱼花，加入纳豆、秋葵丝、山药泥，加上芥末。

猪肉平菇盖饭

卷心菜丝跟炒菜很配。

材料 2人份

切片猪肉 100 克　平菇 1/2 袋　卷心菜 1 片　Ⓐ［芝麻酱（白）1 大勺 味淋 1 大勺　酱油 2 小勺］　热米饭 320 克　熟白芝麻 1 小勺　芝麻油 1 大勺

做法

1. 平菇用手掰成小块，卷心菜切成丝。
2. 平底锅里倒芝麻油加热，放入切片猪肉和平菇块翻炒，切片猪肉变色后加入Ⓐ，炒匀。
3. 碗里盛热米饭，把卷心菜丝铺在上面，放上步骤2炒好的菜，撒上熟白芝麻。

把自己喜欢的材料放在米饭上做成盖饭。
饭后很容易收拾，最适合忙碌的早晨。

肉松盖饭

典型的三色肉松饭。
颜色鲜艳，会钓起人的食欲。

材料 2人份

猪肉牛肉混合肉馅100克 鸡蛋1个 荷兰豆6根 Ⓐ（味淋、酱油各1大勺 白砂糖1小勺） 热米饭320克 色拉油1大勺

做法

1. 平底锅里倒一半色拉油加热，用中火炒至混合肉馅变色。加入Ⓐ后拌匀继续翻炒，至水分消失，拿出来放在一边。
2. 往平底锅倒入剩下的色拉油，加热，放入打散的鸡蛋液，用长筷搅拌炒熟鸡蛋。
3. 荷兰豆用已加适量盐（材料之外）的沸水焯一下，放凉水里后再控干水，再斜切成丝。
4. 把热米饭盛碗里，放上熟混合肉馅、炒鸡蛋和荷兰豆丝。

金枪鱼牛油果夏威夷盖饭

用金枪鱼做出来夏威夷风味盖饭。

材料 2人份

金枪鱼（做刺身用）100克 牛油果1个（200克） 洋葱1/4个 Ⓐ（橄榄油1大勺，酱油2小勺 芥末少许） 热米饭320克

做法

1. 牛油果按第71页的要领去核剥皮，跟金枪鱼一起切成1.5厘米见方的块。洋葱切成细丝，过水后控干水。把以上材料都放盆里，加入Ⓐ，搅拌。
2. 热米饭盛在碗里，把步骤1准备好的食材盖在上面。

蘸酱烤沙丁鱼盖饭

甜辣的蘸酱烤，非常下饭。

材料 2人份

沙丁鱼（切开的）2条 盐1/4小勺 小麦粉1大勺 Ⓐ（酱油、味淋各1大勺 白砂糖1小勺） 热米饭320克 紫苏4片 花椒粉适量 芝麻油2大勺

做法

1. 沙丁鱼撒盐后放置5分钟左右，用厨房用纸拭去水分，把小麦粉撒在上面。
2. 平底锅里倒芝麻油加热，放入步骤1准备好的沙丁鱼，烤至两面都有焦色。用厨房用纸擦掉平底锅里的油，加入Ⓐ，继续烤制。碗里盛上热米饭，放上紫苏，把烤好的沙丁鱼放在上面，再撒点花椒粉。

牛油果鸡蛋

浓厚味道的牛油果和半生的鸡蛋非常相配。
既简单又营养丰富，是非常容易烹饪的早餐菜单。

材料 2人份

牛油果　1个（300克）
鸡蛋　2个
盐　2小撮
粗粒黑胡椒粉　少许

做法

1

单手竖着拿住牛油果，用菜刀切至碰到中间的核，绕着切一圈。

2

用手扭动牛油果。将之掰成两半。

3

把菜刀的根脚部分扎进核，取出来核。

4

为了让牛油果不倒，切掉底部一部分。

5

取出果肉，挖一个正好能放鸡蛋的洞。

6

在碗里敲入鸡蛋，轻轻放入挖好的牛油果中，撒上盐和粗粒黑胡椒粉。用烤箱烤5分钟左右，再放置3分钟左右，用余热使鸡蛋变熟。

土豆三文鱼沙拉

用豆奶制作清淡口味的土豆沙拉。
熏三文鱼的美味提升了沙拉味道，
非常有嚼劲。

材料 2人份

土豆　个头较小的3个（300克）
熏三文鱼　50克
Ⓐ
豆奶　3大勺
粒状芥末　2小勺
盐　1/4小勺
粗粒黑胡椒粉　少许

做法

1. 土豆削皮切成块，放水里泡一会儿再控干水。熏三文鱼切成2厘米见方的块。
2. 把土豆块放入耐热盘，盖上保鲜膜，用600瓦的微波炉加热6分钟（或者放锅里，倒入没过土豆块的水，煮沸，煮10分钟左右，至用竹签可轻易穿透）。
3. 已熟的土豆块加入Ⓐ，用擀面杖轻轻压碎并拌匀，凉一点后再加入熏三文鱼块，拌匀。

POINT

土豆用微波炉加热后，用竹签扎一下中间，确认是否变软。

为了让土豆泥入味，要趁热加入调味料，边弄碎土豆边搅拌。没有擀面杖，也可以用叉子。

茄子罗勒叶拌橄榄油

罗勒的清香味与茄子很搭配。
材料不用浸泡在拌汁里，用调味料拌一下就能马上食用。

材料 2人份

- 茄子 2根
- 盐 2小撮
- 胡椒粉 少许
- Ⓐ 醋 2大勺
- Ⓐ 白砂糖 2大勺
- 罗勒叶 约5片
- 橄榄油 2大勺

做法

1 茄子除去蒂，切成7~8毫米厚的圆形片。

2 平底锅里倒橄榄油加热，放入茄子片，煎至两面都有焦色，撒盐和胡椒粉。

3 盆里放入，煎好的茄子片趁热加入混合好的Ⓐ，一起搅拌。凉一点后，把罗勒叶用手撕碎，撒在茄子片上面。

为容易入味，趁热加入调味料。

烤南瓜莲藕拌橄榄油

南瓜非常松软，莲藕非常香脆！
蔬菜的甘甜味很浓，像主菜般的橄榄油拌。

材料 2人份

- 南瓜 1/8个
- 莲藕 1节
- Ⓐ 醋 3大勺
- Ⓐ 白砂糖 3大勺
- Ⓐ 盐 1/4小勺
- 橄榄油 3大勺

做法

1 南瓜和已削皮的莲藕切成7~8毫米厚的片。

2 平底锅里倒橄榄油加热，放入南瓜片、莲藕片，煎炸两面。

3 平底盘里放入Ⓐ，拌匀，趁热加入步骤2煎好的南瓜片、莲藕片，浸泡10分钟左右。

蔬菜用足量的油煎炸，以提出本身的甘甜味，煎至呈香脆的焦色。

专栏 12

STOCK SALAD

与早餐相配的沙拉

含有多种蔬菜的西式泡菜

这是一款很容易储存的泡菜。
请使用季节性蔬菜制作。

材料

圣女果 1/2 包　红彩椒、黄彩椒各 1/2 个　胡萝卜 1/2 根　西芹 1/2 根　Ⓐ（米醋 100 毫升　水 200 毫升　白砂糖 4 大勺　盐 1/2 大勺　红辣椒 1 根　月桂叶 1 片）

做法

1. 圣女果去蒂，上下切入“十”字形刀印。去籽的彩椒和胡萝卜无规则切成块。西芹去筋后无规则切成块。
2. 锅里放入Ⓐ，加热，煮开关火，加入准备好的蔬菜后放凉。
3. 变凉放入保存容器，在冰箱里放1夜使之入味。

★放冰箱可以保存 1 星期。

熏鲑鱼紫皮洋葱拌橄榄油

虽然很简单，但是富有满足感的味道。
这个沙拉会让早餐变得很时尚。

材料

熏鲑鱼 4 片　个头较小紫皮洋葱 1 个　盐 1/4 小勺　Ⓐ（白葡萄酒醋、橄榄油各 2 小勺）　粉红胡椒适量　小茴香 2 根

做法

1. 紫皮洋葱切成细丝，过水以后再控干水。撒盐混合，放置5分钟左右轻轻挤出水分。熏鲑鱼切成2厘米长的条。
2. 紫皮洋葱丝放盆里，加入熏鲑鱼条，和Ⓐ混合。如有粉红胡椒和小茴香，也可以放在上面。

★放冰箱可保存 3 天。

牛蒡沙拉

蛋黄酱加入了芝麻的香味。
夹在面包里食用，也很美味。

材料

牛蒡 1/2 根　胡萝卜 1/4 根　Ⓐ（蛋黄酱 2 大勺　白芝麻末 1 大勺　白砂糖 1 小勺　酱油 1 小勺）

做法

1. 牛蒡削皮切成5厘米长的细丝，用水过以后控干水。胡萝卜削皮后切成5厘米长的细丝。两种蔬菜丝用沸水煮1~2分钟，倒入漏网盆控干水。
2. 把Ⓐ放盆里，混合，加入牛蒡丝和胡萝卜丝，拌匀。

★放冰箱可保存 5 天。

西式泡菜、腌咸菜、橄榄油拌蔬菜或罐沙拉等，都是便于保存的沙拉。
加一点在早餐里，可增添色彩和营养。

豆类柠檬沙拉

清爽的柠檬味是很好的配菜。
可以使用自己喜欢的豆类。

材料

鹰嘴豆（水煮）100克　金枪鱼罐头1罐（70克）　洋葱1/4个　圣女果6个　Ⓐ（橄榄油、柠檬汁各1大勺　盐1/4小勺　胡椒粉少许）　柠檬片适量

做法

1 鹰嘴豆和金枪鱼罐头控干水。洋葱切碎，圣女果去蒂切成8等份。

2 把Ⓐ放入盆混合，加入准备好的食材，拌匀，再放上柠檬片。

★放冰箱可保存3天。

日式茄子咸菜

这是用保鲜袋就能做的日式咸菜。
可做成容易下饭的酱油味。

材料

茄子2根　Ⓐ（水200毫升　盐2小勺）
Ⓑ（干木鱼花3克　酱油1小勺）

做法

1 茄子切成5毫米厚的半圆形片，轻轻过水后控干水分。

2 保鲜袋里放入茄子片和Ⓐ，轻轻揉搓，拔出空气密封，在冰箱里放1晚。拿出后控出水分，加入Ⓑ，再拌一下。

★放冰箱可保存3天。

罐式沙拉

罐式沙拉发源于美国。
长时间放置仍有清脆的口感。

材料　480毫升的瓶罐1个

核桃15克　黄彩椒1/2个　混合豆（水煮罐头）50克　胡萝卜1/4根　黄瓜1/2根　迷你玉米5根　圣女果6个　芝麻菜1/2袋　沙拉酱（橄榄油2大勺　醋1/2大勺　芥末1小勺　盐2抓　胡椒粉少许）

做法

1 核桃压碎制成粗粒，黄彩椒去籽切成1厘米见方的块。

2 胡萝卜削皮切成丝，黄瓜切成1厘米见方的方块，迷你玉米切成1厘米长的段，圣女果去蒂切成两半。

3 把制沙拉酱的材料混合好，倒入瓶罐最底下。按步骤1准备好的食材、豆类、准备好的蔬菜的顺序（硬的东西放下面，软的东西或者想留住清脆口感的东西放上面）把材料放进去，芝麻菜放在最上面（让菜从罐子里出来一点，堵住缝隙），盖上盖子密封。

★放冰箱可保存4天。